女性的自驱型成长

刘利广·著

中国纺织出版社有限公司

图书在版编目（CIP）数据

女性的自驱型成长 / 刘利广著． -- 北京：中国纺织出版社有限公司，2023.5
ISBN 978-7-5229-0149-7

Ⅰ．①女… Ⅱ．①刘… Ⅲ．①女性－修养－通俗读物 Ⅳ．① B825-49

中国版本图书馆 CIP 数据核字（2022）第 235362 号

责任编辑：顾文卓　向连英　责任校对：高　涵　责任印制：储志伟
中国纺织出版社有限公司出版发行
地址：北京市朝阳区百子湾东里A407号楼　邮政编码：100124
销售电话：010—67004422　传真：010—87155801
http://www.c-textilep.com
中国纺织出版社天猫旗舰店
官方微博 http://weibo.com/2119887771
天津千鹤文化传播有限公司印刷　各地新华书店经销
2023年5月第1版第1次印刷
开本：787×1092　1/32　印张：6.5
字数：119千字　定价：49.80元

凡购本书，如有缺页、倒页、脱页，由本社图书营销中心调换

序

最好的归宿是成长

有段话是这样讲的:"人们从未见过一个勤奋、自律、努力的人抱怨命运不好的。因为一个人最完美的状态不是从来不失误,而是从来没有放弃成长。"

一个人越来越好的标志就是凭着坚强的意志、修养、品行不断地反思和修正自己。人生最好的贵人就是努力向上的自己。生活不会辜负一个一直努力的人。

女人在职场上或多或少会受到性别歧视,到了中年会面临容貌危机,甚至在家庭和琐碎加身的时候变得不再自信。想要突破这些问题,就要自我成长。只有自身成长了,面临的问题才能不算问题。

所以,女人最好的归宿是成长。女人可以不成功,但必须成长!成长不是从此就变得不像自己,而是成为一个更好的自己。

女性的自驱型成长

在女性成长中，最难的不是获得他人的认可，而是获得自己的认可。

成长不是不围着老公、孩子转，而是在扮演家庭女主人角色的同时，不要忘记照顾自己；成长不是长生不老，而是哪怕到了四五十岁，依然能活出属于自己的美好与从容；女人不是第二性，是必须向前一步与这个社会同步，不依附他人，自己活得光明磊落又自由自足。

女人的世界是由爱情婚姻、先生和孩子、工作和家庭等多个维度组成，任何一个维度都考验女人的能力。女人不能游于这些维度之外逍遥自在，又不能被困于这些维度之内失去自己，女人的脚步既要丈量家庭的三寸方圆，又要放眼更广阔的世界。所以，女人需要修炼，从外到内，从格局到学识，从能力到涵养，从爱别人到爱自己，最终实现自我不断成长。身为女性，不一定能改变世界，但一定要在内观自己的同时看到世界也看到别人，能够活好自己的同时也兼顾与自己有关联的一切。

女人有三件事情不能停：学习、美丽、经济独立。学习能提升内在气质，美丽能带来自信，经济独立能受到尊重。

本书以心理学为基础，以女性成长为主题，希望帮助迷茫中的女性看到希望，活出自己！本书会提供诸多案例，让读者喜欢阅读并从阅读中快速成长，找到自己的人生定位与成长方向！

自 序

　　曾经的时光中，一杯茶、一抹光，明月清风、捧一本书，在安静的世界里沉下心来读书思考，任由心灵穿越，那是人生最美好的回忆。随着生活节奏的加快，人的心开始躁动起来，从在手机和网络上看一场两小时的讲座，到观看十分钟的视频，再到今天刷一分钟的短视频，看似是人们收看习惯的变化，实则真正地反映了人们心态的变化。

　　世界瞬息万变，唯有变化才是永恒的不变。正如地球围绕太阳公转，月球围绕地球公转，地球又不停地自转一样。宇宙如此，人生亦是如此，在匆匆忙忙的背后，人们的生活并非杂乱无章，而是围绕着一个中心，这个中心就是"初心"，初心正，则人生正，初心大，则价值大。无论多忙，我们都不要忘记自己的使命和愿景，不要忘记此生的责任和担当。

　　人生是一个不断选择的过程，在纷纭世间，难免有各种诱惑和干扰，如何不忘初心，走好人生的道路，过真正有意义的人生？选择在什么时间、什么地方、和什么人一起做怎样的事情，决定着你的人生价值。精彩的人生需要规划，卓越的人生需要导师引领，知道我们的生命缘起何处，知道我们的脚步迈向何方。

岁寒，然后知松柏之后凋也！越是在困苦或躁动的环境中，我们越应该有高度的清醒，时时刻刻能沉下心来思考，在智慧的海洋中滋养成长，心中有坚定的初心、有清晰的规划、有落地的目标，才能在诱惑和困难下不为所动，学而习之，文而化之。识人者智，自知者明，希望本书能够帮助大家更好地了解自己，了解我们身边的亲人和朋友，让我们一起思考，一起探讨，一起成长，一起体悟人生。

刘利广

2022 年 10 月 1 日于北京

目 录

第1章 女性可以不成功,但不能不成长

成长是源于对自己的高要求　　　　　002
所谓安全感,是自己创造的　　　　　005
女性要打破"玻璃天花板"　　　　　007
要有危机意识,稳定不等于安全　　　010
在最好的黄金 10 年提升自己　　　　013
足够爱自己,才是最大的底气　　　　016
自律是成长的催化剂　　　　　　　　019

第2章 塑造良好角色,为自我成长赋能

职场上拼有一席之地　　　　　　　　024
为家付出爱,而不是牺牲　　　　　　027
会调节情绪才能掌控人生　　　　　　030
女强人是对家付出的另一种责任　　　034

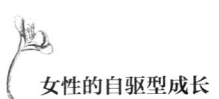
女性的自驱型成长

母亲是榜样，不是保姆	037
不要给自己贴负面标签	041

第3章　打破世俗"定义"，从心灵束缚中突围

女性需要用成长的眼光看待自己	046
如何更好地了解自己	047
女性的能力决定家庭地位	051
有勇气改变是成长的第一步	053
拥有抗挫能力很关键	055
打破固定思维，锻炼成长型思维	058
不要在意他人的评价	061
让自尊心和自信心实现良性循环	063
打破内心限制	066
始终忠于自己的内心	070
要过真正独立的人生	073
我养你，只是一句玩笑话	076

第4章　保持上进心，活出别样人生

相信什么就会吸引什么	082
发现自己的天赋，走自己想走的路	086
内心强大不被情绪控制	089
拒绝拖延症	092

目 录

自我价值来自持续学习 　　　　　　　　095
自控力是衡量成长的标尺 　　　　　　　099
努力做一个靠谱的人 　　　　　　　　　102
戒掉空虚的"购物狂"状态 　　　　　　105
在职场上向前一步 　　　　　　　　　　109
正确处理家庭与亲密关系 　　　　　　　114
不把自己的脚伸进别人的鞋里 　　　　　119

第5章　提升自控力，做好情绪管理

不在愤怒的时候做决定 　　　　　　　　124
维持积极情绪的正循环 　　　　　　　　128
平静面对生活的各种关卡 　　　　　　　132
容人容物，抚平自己的内心 　　　　　　136
换一种心境，发现生活之美 　　　　　　139
理性看待生活与感情 　　　　　　　　　142
不计较，"傻"也是一种智慧 　　　　　146

第6章　持续精进，人生成长不设限

不自我设限，活出全新自己 　　　　　　152
新女性快乐生活的标志 　　　　　　　　155
心中有爱，眼里有光 　　　　　　　　　159
在各种关系中塑造好"角色" 　　　　　162

内心像个孩子，外在当个大人	165
提升自己的幸福力	168
用自己的成长给孩子当榜样	171
新女性要成为引领者和影响者	174

第7章　终身学习，不断自我进化

一身好武艺，何愁没前途	178
自我价值来自持续学习	181
投资大脑，让自己不断增值	184
通过学习打开向上的通道	187
爱上阅读，做一个书香女子	191

第1章
女性可以不成功，但不能不成长

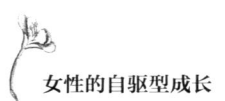
女性的自驱型成长

成长是源于对自己的高要求

　　成长是给自己提要求。如果一个人对自己没有要求，就会随波逐流，得过且过。为什么说成长是源于对自己的高要求呢？因为要求自己很难，要求别人很容易。往往要求别人的人只希望别人改变，而不想改变自己，这就是一种不成长的心理在作怪。

　　管自己比管别人更难。因为自己对自己容易松懈，容易宽容，容易放纵。比如在亲子关系方面，大人很难管住自己不看手机，却经常看不惯孩子玩手机；在夫妻关系方面，一方很难管住自己的毛病和缺点，却总能看到对方的缺点和毛病；比如在上下级关系方面，领导很容易看到下属的问题，却很少有人意识到自己的问题，或者有大部分人明明知道自己有问题，但不愿意承认和改变。这些场景反过来，想管孩子先管自己；想让丈夫改变先让自己改变；想管好下属，先以身作则，这些都叫成长，也是对自己提要求。

第1章 女性可以不成功，但不能不成长

作为女人，尤其需要不断成长，因为传统观念的影响以及新时代对女性的高要求，女人要能"出得厅堂，入得厨房"，在这个多变的、多元化的社会中，女人活得更不容易，如果不成长，她驾驭生活的能力就会很低，或者顾此失彼，生活过得一地鸡毛。

70多岁的模特梅耶·马斯克最出名的标签是"硅谷钢铁侠"特斯拉创始人埃隆·马斯克的母亲，但是她更为人津津乐道的是她自己缔造的人生传奇。

15岁初次登台成为模特，22岁和初恋结婚，31岁成为破产的单身母亲，先后辗转3个国家9个城市开展自己的模特和营养师事业，独立培养3个出色的孩子并获得了两个硕士学位，69岁时，她的形象广告牌出现在美国时代广场，轰动一时。

良好的家庭出身、自身的优越条件并未让梅耶·马斯克的人生减少坎坷，被家暴离婚后坚持学业的同时，独自承担养育3个孩子的重担。她人生的上半场几乎可以用举步维艰来形容，即便如此，她还是没有放弃自己，而是始终坚持学习，坚持自我成长，也身体力行为孩子们做出了榜样。

随着年龄的增长，皱纹爬上脸庞，她多的不是恐慌、焦虑，而是从容、美丽、自在，因为她不会停止成长。

在《一个女人的成长》一书中这样说道："女人，尤其需要

有不断地成长、成熟的心理，才能好好地活在这个多变的、多元化的社会里。因为传说的贤妻良母角色我们无法完全甩掉，另一方面又要奋勇地跻身在新时代女性的行列。这不但需要有极好的适应能力，也需要心理上的不断成长和成熟，否则不是疲于奔命染上'女强人并发症'，就是退缩、自怨自艾地过了一生。"

成长代表着持续走上坡路，所以难免会累，会辛苦，但这是一个从慌张无措到淡定从容的过程，也是一个从弱到强的过程，更是一个从毛毛虫蜕变成美丽蝴蝶的过程。完成了这个成长的过程，才能让自己生出羽翼，拥有对抗生活风雨的铠甲。

第1章 女性可以不成功，但不能不成长

所谓安全感，是自己创造的

有句话说，女人最大的安全感有三样东西：手机、家门钥匙以及车子里加满的油。其实这些都还不是最大的安全感，真正的安全感是对自己笃定的相信和认可，是离开任何人都可以生活得更好的底气。

因为，安全感来自两个方面，一是物质充足带来的安全感，二是精神充实、内心强大带来的安全感，二者相辅相成缺一不可，最重要的是安全感往往不是通过外在所抓取得到的，而是自己给自己的。

物质的安全感也不仅仅是指钱，而是指能够持续赚钱的能力；精神的安全感是你正确的感知力和保持情绪稳定的能力。如果一天到晚闹情绪把自己搞到精神分裂，又哪里能做到淡定和安全呢？所以，真正的安全感是自己的事，与别人无关。

著名好莱坞华裔女星刘玉玲在一次访谈中谈到，她从她父亲那里学到一件很重要的事，就是从她开始工作后，她就很努力存钱，她说当你拥有这笔钱后，当有意外发生，或者有人强迫你做自己不喜欢的事时，你都可以很淡定地说："去你的吧。"这就是一种物质带来的安全感。

安全感有三个不可或缺的因素，一是有希望，二是有事做，三是有人爱。这三者都需要不断进行自我践行和努力，才能成为安全感的要素。努力才有希望，努力才能避免无所事事，同样，努力才会有人爱。与其把时间花在无聊没有意义的事情上，不如用来辛苦和努力，这世界绝不会辜负任何一个努力的人。你所付出的一切，世界终将会还你一片精彩的天地。

真正的安全感是踏实，可以踏实生活、工作、休息、游玩，而不用害怕失去。安全感从来都不是别人给你的，而是自己去铸造的。如果你的内心没有力量，即便是外界给你再多的爱，你也没有办法去享受。

如何给自己安全感呢？说到底就是让自己变得越来越好，不论是外在还是内在。能好好读书，有学习新知识的欲望，永远不丧失学习的能力，会好好锻炼、管理好自己的身材，也能够管理好自己的皮肤，更能够将自己打扮得漂漂亮亮，在所有人面前都是神采奕奕的。由内而外都散发着自信，这才是最好的安全感。

第1章 女性可以不成功，但不能不成长

女性要打破"玻璃天花板"

95岁高龄的中科院院士、中国首位女天文台台长叶叔华在"她"论坛上，鼓励女性要打破"玻璃天花板"。叶院士说，"如果你想要获得什么，就必须努力去争取"。一个人头上的玻璃天花板，不一定是性别、家庭、工作，而仅仅可能只是你想去做一件事，而另一种声音却告诉你：你不能。

一个女人必须先凭双手争取生活，才有资格追求快乐、幸福、理想。在这个世界上，一个人生活的基本就是必须拥有独立和自理的能力。无论是谁，都无法一辈子依靠他人。哪怕是离你最近的家人，也终有一天会离你而去。父母会变老，子女会拥有他们的新生活。总有一些路，要一个人走完。所以，想要什么，必须自己去争取，而不要说"我不行""我不能"。只有不断突破自己能力的天花板，才是不断成长，以后遇到困难和挫折才能更有能力和勇气去面对。

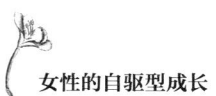

女性的自驱型成长

西班牙国家舞蹈团弗拉门戈舞皇后阿伊达·戈麦斯,并不是天生就是舞后,从小到大也受了很大的磨难与挫折。7岁的时候她和妈妈被父亲抛弃,坚强的母亲认为即使生活很悲惨也要活出个样子,于是咬牙坚持将女儿送进了舞蹈学校。母亲四处打工挣钱支付女儿高昂的学费。7岁的女儿每天目睹母亲疲惫又忙碌的身影,内心被触动,有时候会心疼妈妈忍不住流泪。于是,她比同龄孩子更加勤奋努力,吃得苦多,抱怨少,她暗暗发誓要通过自己的努力改变母女俩的命运。由于勤学苦练,几年后,她成了最出色的学员,并且开始登台表演。但是命运并没有因为她的努力而一帆风顺。青春期的时候,她患了一种骨形不正腰椎突出的病,对于一个舞蹈演员来说,这个病无疑是致命的。她没有选择退缩,她忍受着骨痛,在身上装上了一个脊椎矫正仪,继续坚持她的舞蹈。最终,她进了国家舞蹈团,很快成了领舞。再后来,她的足迹遍布世界各地,她优美的舞姿倾倒了无数观众。来中国巡回演出的时候,记者问她:"面对贫穷和不幸,面对病痛与磨难,你是如何理解人生的?"已在舞台上坚守了40余年的阿伊达,笑容依旧美丽迷人,她说:"在我眼里,除了战争和死亡,别的都不能叫不幸。活着就像在舞蹈,一个有梦并愿为此追求一生的人,没有什么东西能阻挡她。我会永远地跳下去,直到跳不动的那天为止。"

如果一个女性内心升起一股力量,觉得没有什么东西能够阻

第1章　女性可以不成功，但不能不成长

挡自己的时候，这才是真正强大的开始。有这样的力量就会突破自身的天花板。

想要突破自己的天花板，就要保持"活到老学到老"的态度，所谓"岁月从不败美人"，说的大抵就是工作、学习、运动样样不放弃的那种学无止境、芳华自现的女人。

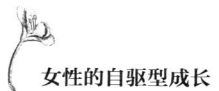
女性的自驱型成长

要有危机意识,稳定不等于安全

对女人来说,最稳定的安全感,其实是对自己的依赖。但是,有的女性没有这种意识,甚至受一些传统观念影响,习惯在爱情、婚姻中寻找一份厚重的安全感。

因为"安全""稳定",她们不进步、不努力、不进化。她们的天赋因此被削弱,才华被埋没,甚至抵御各种风险的能力也在逐步丧失。

哲学家罗素曾讲过一个有名的哲学故事,即"爱思考的火鸡":不论刮风下雨,火鸡的主人每天早上九点按时给火鸡喂食。日复一日,聪明的火鸡总便总结出一条规律:无论出现什么情况,主人都会来照顾我的。在感恩节这天,就在它安全感爆棚的时候,主人又来了,只是这次手里提了一把刀。

通过这个故事,罗素想告诉大家的是:过度迷信安全感,或是沉迷安全感,最后很可能会成为伤害你的一把尖刀。生活如

第1章 女性可以不成功，但不能不成长

此，爱情、婚姻中也不例外。

不少女性深信"干得好不如嫁得好"。在夫妻关系非常好的时候，认为诸如婚姻危机、婚姻欺骗等这些事情永远不会发生在自己身上，对于这种"过度安全"的女性来说，她们甚至没有"失去"的概念。

其实，婚姻没有危机感，就是最大的潜在危机。在婚姻生活中，更优秀的一方往往拥有更多主动权。女性只有要学会成长，不断提升自己价值，让男人"担惊受怕"，这份感情才会长久地稳定。即便离开对方，自己照样能活得很精彩。很多女性在婚姻生活中一败涂地，不是败给了生活，败给了小三，而是败在了停止自我成长，败在了没有危机意识。

即便是在职场，这个逻辑也是行得通的。在职场中，很多女性都非常优秀，当她们回归一段时间家庭后再出来工作，或是停止成长，开始"吃老本"，很快，她们的潜意识里会产生一种隐隐的危机感。只有不断地让自己进步，不断地学习，跟上社会的节奏，才有一种安全感。

很多女性犯的一个致命的错误，就是为了心爱的男人轻易放弃自己的工作与事业，停止了成长的脚步，殊不知，她们放弃的何止是工作、事业，更是认识社会和认识自己、提高自己的机会。

现实告诉我们：在婚姻中，不论双方是否是真爱，任何时候都不要忽略一种力量，那就是实力。实力在一定程度上决定了各

女性的自驱型成长

方在婚姻生活中的地位，及对方对自己的尊重程度。作为女性，如果你非常优秀，并在婚姻中不断成长，便会给对方造成一种必要的危机感，这种危机感会让他更在乎你，更尊重你，更爱你。反之亦然，老公变得越来越优秀，你始终原地踏步，甚至大踏步倒退，那你的危机感便会与日俱增，并逐渐丧失去对婚姻生活的驾驭能力。这也是为什么女性一定要有危机意识，并不断自我成长的原因所在。

不论在感情世界，还是在工作中，女性都要不断督促自己成长，而不是贪图一时的安稳。为此，要多留出时间关心自己、提升自己，始终不放弃自我成长。唯有如此，才能赢得事业，赢得爱情与婚姻。即便有一天真的不爱了，或是要换一份工作，依然有底气可以活得精彩，过上自己要想的生活。而不是输得一塌糊涂，甚至连从头再来的勇气都没有。

第1章 女性可以不成功，但不能不成长

在最好的黄金10年提升自己

青春，对于每一个人来说都极其宝贵，对女人来说更是如此。女人到了中年，不再有如花似玉的容颜，不再有婀娜的身姿，但是，年龄的增长并不可怕，可怕的是到了中年，依然不知道自己要做什么，能做什么。

之所以会出现这种情况，是因为在年轻的时候虚度光阴，没有自我成长。这里的成"成长"，不是年龄、身体的成长，而是指从小女孩到"大女生"的蜕变。25～35岁，是每个人的生命中都弥足珍贵的十年，更是每个女孩的黄金10年，这段时间怎么利用，在一定程度上会决定了她今后的人生。事实上，很多优秀女性，她们的人生也正是从25岁以后才开始的。

作为女性，在这黄金10年该如何提自己呢？

1. 持续不断地学习

人生不是一次百米赛跑，而是一场马拉松，学习也不应该是一天两天的事，而应该是一辈子的事。只有持续的学习才能带来无限的可能。在平时的生活与工作中，一定要不断给自己充电，不断充实、提升自己。因为只有不断奔跑的人，才能在人生的赛道上越跑越远。

2. 在一个方向深耕

优秀的人士并不是什么都懂，什么都会，而是在某个领域做到精通。人的时间和精力都是有限的，一味在多个方向投入精力、时间，最后很可能是什么都懂一点，什么都不精通。因此，一定要一个自己喜欢的方向，然后一头扎进去。不要担心没经验，只要愿意努力，一切都来得及。这里有一个建议，最好给自己制定一个目标，然后分阶段去实现，这样有助于保持专注。

3. 学会管理自己的情绪

控制好自己的情绪，才能掌握自己的人生。正如罗伯·怀特在《一生的资本》中说："任何时候，一个人都不应该做自己情绪的奴隶，不应该使一切行动都受制于自己的情绪，而应该反过来控制情绪。"善于调节情绪的女性，即便没有是多少见识，也比博学多才、不善控制情绪的女人可爱。许多时候，我们不能决定一件事情的发展方向，但可以左右自己的情绪。

4. 增强向上社交的能力

著名的投资家沃伦·巴菲特曾说："要成为一个赢家，就必须和赢家一起奋斗。"多结交优秀的人，自己也会跟着变得越来越优秀。与谁在一起很重要，他们的一言一行不经意间影响你，

第1章 女性可以不成功，但不能不成长

左右你。

当然了，想要得到最好的东西，就得让自己配得上它。所以，要学会不断地提自己的价值，尤其是在人生阅历和财富积累、职位方面，与此同时，一些软实力也要跟上，如形象、情商、沟通能力、社交能力等。

5. 管理好时间和精力

时间是一个人最宝贵的资源，也是世界上最公平的资源。每人每天都只有 24 个小时，我们如何过一天，就会如何过一生。如果你希望人生有更多的成就，而不是庸碌一生，一定要学会管理自己的时间和精力。

当然，有句话是这么说的："所有不谈精力管理的时间管理都是耍流氓。"的确，身体不好、精力不济、做事效率低、投入产出比低，你把时间管理得再好都没有用。只有精力与想法相匹配，你才能在有限的时间里让你想做的事落到实处，这样的时间管理才是有效的。

作为新时代的女性，你可以不成功，但必须要成长。你不可能一辈子待在舒适区，也没有任何人能成为你一生的避风港，只有你自己才是自己的靠山。不断提升自己，去勇敢地追逐心中的光，你会变得更自信、更勇气、更坚强，如此人生才会进入一种良性的循环。

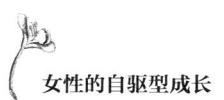
女性的自驱型成长

足够爱自己,才是最大的底气

自爱是一个人最重要的能力,它能胜过一切。真正的爱自己不是把钱都花在自己身上,给自己吃最好的,买很多的奢侈品,这样只能算是对自己好,严格意义上不能算爱自己。

"爱自己"的前提是你得知道什么是"自己"。在认识自己这个话题方面,六祖惠能大师说过"何其自性,本自具足",古希腊先哲苏格拉底也说过"认识你自己"。老子说:"知人者智,自知者明。胜人者有力,自胜者强。"可见,如何认识自己?如何实现明心见性,才是成长的第一步,成长就是认识自己,最终通过认识自己达到认识他人和这个世界,最终实现明心见性,不断成长。

Coco Chanel 曾经说过:女人这一生最大的事情就是要经营自己。如果没有这个意识,随着青春流逝,很快就会贬值甚至被替代。所以,当别人被外物所迷惑时,她泰然自若地戴着精致的

第1章　女性可以不成功，但不能不成长

珍珠项链，设计着最漂亮的衣服。最终，她成了唯一。

女性爱自己可以来自几个方面：

1. 保持生活的节奏

这些年人人都在"贩卖焦虑"，身份焦虑、年龄焦虑、相貌焦虑、生育焦虑等，比如一个女孩到了什么年龄该结婚，到了什么年龄该生孩子等，这些外在的声音如果影响了你，这就是一种不爱自己的表现。你要清楚自己是谁，有哪些思想观念。一个真正爱自己的人，不受外在声音的困扰，她自己有节奏，选择不婚不育或是早婚早育，都是个人的权力。了解自己，接纳自己，自己选择的东西错也不怕，敢于试错。

2. 学会投资自己

很多女性愿意让伴侣变得更有能力，孩子变得更优秀，但却恰恰不舍得在自己身上投资。投资自己是个技术活，不是把钱花在那些让自己短期快乐上，要把钱花在让自己不断增值方面，比如学识的投资、能力的投资、技术的投资才是长期增值的投资。

3. 有节制地爱别人，无条件地爱自己

必须先把自己调整得健康快乐具有幸福感，才有能力去爱别人。在生活中要给自己更多的期许和感恩。自己身边的一切都是自己创造的，感谢自己创造的一切，无论你看到的是什么都告诉自己那是自己创造的，为自己的创造负100%的责任。想象一下你自己就是造物主，你创造了自己看到的一切，创造了自己体验的一切，创造了自己正在经历的一切。如果你批判你看到的，那你就是在批判自己，因为那是你创造的。如果你抗拒某个人，那你就是在抗拒你自己，因为那个人也是你创造的，她是为了配合你才在那里的。

4. 多留意自己的身体状况

虽然"身体健康是一切的基础"这样的认知已经被众多人提及与在意，但很多女性还是容易陷入"只顾拼命，不顾健康"的状态里。比如新闻上多有报道，某某熬夜几个通宵发生猝死，某某经常喝奶茶得了心脑血管病等。作为女性，要定期去体检；不要太过情绪化给自己的健康添堵，尽量不吃垃圾食品，少熬夜；不要"熬着最长的夜，敷着最贵的面膜"。这些都是保证身体健康的基础。

5. 个人形象管理

女性要保持精致、清爽、卫生这样的形象，保持自己生活环境的舒适整洁，你的外在环境干净了，内在的心灵空间也就有了提升，由内而外活出通透、轻盈无负担。

6. 维护自己的尊严

不要逆来顺受，如果一个人总是迁就与承受，别人就不会把你当回事，所以无论你是什么样的背景，你都不能去"惯着"别人，要别人尊重自己，这是底线。一个人如果没有自尊，就会成为别人的牵线木偶，那样男人就会得寸进尺。真正的爱自己，是从尊重开始的。

第1章 女性可以不成功，但不能不成长

自律是成长的催化剂

自律，就是规律的生活，能够把自己的时间和精力合理地安排在正确的事情上。自律就是学会抵抗，自我约束，自我克制，在没有人要求和监督的情况下，能自觉地完成自己手头上的工作和想要做的事，自律是一个人顶级的修养。

很多人认为自律是反人性的，因为人的本性是追求惰性带来的舒适，所以不愿意去做自我约束的事情。事实上，自律不是一件特别难的事，一旦自律对人产生了价值，自律就成了一个非常自然的事情，带给人极大的愉悦感和充实感，产生更多的内啡肽，让人重复这样的行为。

比如，有些女性减肥之前通常会认为减肥非常困难，既管不住嘴又迈不开腿。一旦减肥成功之后，发现苗条匀称的身材带给自己很多愉悦感，就能把健身这件事坚持下去。有些人最初跑步的时候感觉早晨起床很困难，但坚持了一段时间发现跑步带来很

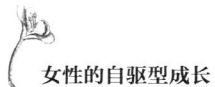
女性的自驱型成长

多好处，于是坚持下去就成了非常自然的事。

所以，想要改变自己不太满意的现状，离不开自律，但对自律也不要想得多么可怕。

小悦是个四十出头两个孩子的妈妈。但因为她平时非常自律，喜欢运动和健身的关系，身材保持得非常好，整个人看起来就很青春。很多不知道她真实年龄的人在见到她后，都会觉得她是个二十多岁的姑娘。身边的很多人都很羡慕她。

我们在生活中会遇到这样的状况：明明知道自律能够带来很多好处，但就是做不到自律。这是正常的状态和心理，但我们要克服这种心理，一定要搞清楚自己为什么而活。你把时间花在哪里，你就是什么样的人。反过来讲，你想成为什么样的人，你就该把时间花在哪里。之所以做不到自律，只是因为我们还不够迫切。人如果有了自己的迫切需要、目标，就会慢慢变成自律而积极的人。有时候坚持和积累比努力更重要，努力了不一定成功，但是坚持了一定会有效果，坚持才会让自己更自律，自律才会让自己更自由！

有句话说，自律的女人会活得没有岁月感。

无论是个人还是婚姻生活，女人都必须找到自己的价值，这种价值是基于你身上的闪光点，找到这些闪光点，持续成长。对于每个女人来说，无论你是做什么职业，你都要相信，不要放弃自我成长的主动权。不要为了别人放弃自己的成长，即使你身为全职太太，也可以成长，孩子的教育，家庭的理财，每个部分都

第1章 女性可以不成功，但不能不成长

需要用学识才能更好经营。这些都可以归为自律的范畴。

女人想过得精致又高级，自律便是漂亮女人的杀手锏，自律既能够让岁月沉积归属于自个的诱人香气，还能够获得岁月的美妙赠予。一个女人越自律，就活得越有魅力！

第2章
塑造良好角色，为自我成长赋能

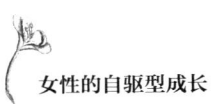
女性的自驱型成长

职场上拼有一席之地

马克思曾说，社会的进步可以用女性的社会地位来精确地衡量。如今，随着社会生产力的发展，女性不仅能在各行各业中与男性平分秋色，更能在工作岗位中发挥出女性独特的优势，成为颇具竞争力的新时代女性。

有一个名叫琼的女孩，大学毕业以后被分配到一家上市公司担任部门销售一职，因为天资聪颖好学上进，经过两年多的轮岗以后，领导觉得她聪明勤奋有意培养。于是在岗位调整的时候，琼担任了销售经理。

虽然不少同事背后议论，前两任销售经理都是男性，他们管理团队更有优势，也能更好地承担压力，作为一个女生如果老出差，感觉琼肯定吃不消。大家一直不太看好琼这个女销售经理。但是琼是个不服输的人，她不相信女性不如男性这套说辞，她要做出个样子给大家看。于是她工作的时候兢兢业业，休息的时候报了一个总裁学习课程，接触更多的销售管理知识，来学习和提升自己的管理能力。于是经过两年时间，将一个销售团队带成了全公司销售业绩第一的团队，并且开辟了很多新的业务，成为销售经理里面成长最快的一个人。

在员工表彰大会上，她动情地站在台上讲述自己的成长经历，她说："当我接下销售经理这个担子的时候我是发怵的，我不知道如何在一众男同事里面拼体力和精力，但我告诉自己，这是一个好机会，我必须戒掉自己的负面思维，告诉自己能行，我就真的能行。正是凭着天天给自己暗暗鼓励，我做到了之前连我自己都不敢想的成绩。谢谢我的团队，感恩我的团队，是你们让我成长，也是你们助我成长。"

就这样，琼挑战了工作的不可能，并让同事们刮目相看。

所以，在很大程度上女性不敢在职场上崭露头角不是男性太出色，而是给自我设限。相比于男性，女性更容易表现出对自己的怀疑，而这种怀疑往往阻碍了女性成为更好的自己。

当女性们适度提高自己的自信，不去刻意定义"男性擅长的领域"，突破界限，便自然而然地成就更多的惊喜和不可能，就真的能够做到在职场上与男性平分秋色，拥有一席之地。

女性生来具备力量，无论是定位于何种领域、置身于何种阶段，她们或豪放、或安静、或自信、或独立、或沉稳，归根结底，种种人生都是在积累、在沉淀。山高路远，愿职场女性保持拼劲，坚守初心，拥抱美好！

为家付出爱,而不是牺牲

所谓家庭,就是夫妻一起经营,一起合伙开创的江山。女人可以说是一个家庭的"定海神针"。所以,一个具备成长能力的女性,往往有爱人爱己的能力,通过释放爱然后给身边的人带去爱,最终营造出幸福和谐的家。越是内心充满爱,觉得自己的存在是给大家带来爱,就不会产生诸如"女性是为家牺牲"这样的负面认知。

不同的人对于家庭付出的爱也不同,所以,爱是有层次的:

第一层:发生任何事情,第一反应就是先把责任推出去,都是别人的错。处在这一层次的女人,眼中和心中总认为是别人的问题,很少反省自己,无论遇到大事小事,推卸责任的次数多,彼此不理解的概率就增大。家庭出现鸡飞狗跳的大部分属于这一层次,这就是缺乏爱的能力。

第二层:面对问题,会自问"是不是我不够好"。这一层次的女人已经比第一层次有了进步，懂得从自己身上找原因，而不是把责任完全推给别人。出现任何问题先从自身找原因，不但利于解决问题，同时利于自己的内心更加从容与强大。这是积极心态的人才有的意识，有了这样的心态说明已经具备了一些成长能力。

第三层：出现任何问题不抱怨不唠叨，一起解决。这一层次的女人已经具备了处理问题的能力，眼界和心胸都不再拘于小节，无事不惹事，有事也不怕事的这种状态，没有什么过不去的坎，家庭很少出现大的矛盾和问题。

第四层：拥有正向价值观，更愿意做出利于对方的选择。一个家庭中出现的问题往往没有绝对的对与错，而是立场不同，价值观不同。一个具备成长能力的人，往往会换位思考，尊重别人的价值观，不去触击和试图改变对方，而是尽最大可能做出让步，尊重对方的选择。能够尊重对方，就是一种格局。

第五层：知道自己要什么。知道自己是谁非常重要也非常关键。因为一旦踏入婚姻组建家庭，女人面临的就是身份的不断改变，从女儿到妻子再到母亲，身份的改变带来的现实问题也会层出不穷，如果不能及时调整自我的认知和对现实生活的态度，就有可能在角色发生改变之后不能接受现实。不同的婚姻身份就有不同的思考方式，也就形成了不同的人生。当角色越多，你越看不清自己到底是谁。知道我是谁，我要怎样的婚姻，我又能在这个婚姻里做到什么，这就是成长。

第六层：先改变自己再去改变现状。不幸的家庭各有各的不幸，而幸福的家庭无非是一条：我能改变我的现状，我是带着使命和爱来生活的。每个人都是平凡的人，都可能犯错，都有情绪和压力，当出现问题的时候，想积极去改变现状的人才是有智慧、有爱、有成长能力的人。

所以，女性带给一个家庭的是爱，而不是"牺牲"，更不是隐忍。女性要从那种"必须牺牲"自己去成全别人的错误信念中醒来。如果你有一份好工作，也可以接受男人回归家庭。如果你的收入更多，那么就没必要为了家而放弃事业。不要害怕被人说"女主外，男主内"，不要担心被人认为"教育不好孩子是妈妈的责任"。只要内心足够强大，认为一切生活都是自己选择的，而不是被迫的牺牲，才会拥有真正的独立与自信。

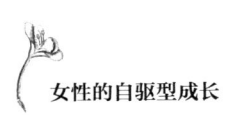

会调节情绪才能掌控人生

有不少人认为,女人天生就容易情绪化,从心理学角度解释为:"女人的情绪化在于她们天生就要比男人更加脆弱、柔软、甚至是无助,所以她们需要用自己情绪化的信号来博得男人的同情和鼓励、甚至是赞美。"这个说法不能算错,但不能因为女性容易情绪化而否定了情绪的价值。

在文化习俗的影响下,很多人认为理性比感性更重要,并认为男人更理性,女人更感性。很多男人低估情感亲密的价值,赋予感性更多的负面含义。但是随着社会的发展,人们越来越意识到理性和感性同样重要,女性的情绪化反而是一种更好的力量。

关于情绪,究竟是与生俱来的还是后天形成的呢?很多心理学家通过研究认为,情绪是一种非理性的反射,人们的理性无法克制和阻止情绪的生发和活动。人类的大脑里有众多与生俱来的"情绪回路",每一个情绪回路会导致一系列的独特变化,比如在你记忆里非常害怕蜘蛛,那么当你不小心碰到蜘蛛,就会触发你内在的"恐惧情绪回路",这个时候你会紧张,身上起鸡皮疙瘩等;再比如你看了一档关于亲情的感人故事,进而触发了你的"感动情绪回路",那么你就会落泪,甚至跟着哭泣。

情绪源于记忆,当人们看见或思考什么时,大脑立即搜索其数据库,以发现相同或类似的经验,基于那种经验或学习,我们的特定情绪形成了。所以每个人对同一件事可能具有不同情绪。

美国著名精神分析师朱莉·霍兰在《喜怒无常的悍妇》一书中曾提到,喜怒无常其实是女人天生的优势,是女性力量的源泉,而不应该认为"有情绪"就是弱者,就是不正常。女性所谓的情绪化、喜怒无常同样具有生物适应性意义,女人是善感的,但不一定是多愁的,女人通过情绪化承认自己的复杂性,并给身边的人带来愉悦感,因为她们可以提供高"情绪价值"。

女性天生就对情绪有更强的感知能力,聪明的女性懂得最大化发挥自己或他人情绪的价值。

情绪有两种能量,一种是正面的,一种是负面的。正面情绪能激发人的热情、活力,带给人身心健康和良好的人际关系,而消极情绪则影响人的身心健康,破坏人际关系。不管正面情绪还

女性的自驱型成长

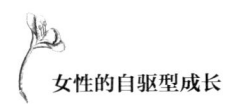

是负面情绪，都是一种能量、一种资源，都有自己的功能，都是潜意识在保护我们的信号，教我们从中学习。

能量是守恒的，它不会消失，只会改变形式。所以，我们面对情绪能量也是如此，无法做到让坏情绪消失，但却可以让它转换或改变形式。也可以通过情绪的表面去观察和挖掘背后的问题，找到真正解决问题的方法。

有位妈妈描述自己属于那种不擅长控制情绪的人，尤其爱跟孩子起急，恨不得天天给自己备一个火药桶，每天的生活陷入吼孩子—觉得对不起孩子自责—压抑自己的情绪—下次吼得更凶—继续自责这样的恶性循环。她非常苦恼，不断地问自己为什么有这么大的情绪，别的妈妈就那么和颜悦色？这个情绪的背面，一定有她没有发现的原因。比如压力太大，生活不顺心，再或者对孩子期望太高。往往情绪是"标"，引发情绪的事件是"本"，只有把"本"治好，"标"才会不医而愈。经过不断梳理和溯源，这位妈妈发现她之所以总是情绪爆棚，不是自己控制不了情绪，而是平时生活太累了，除了工作还要做家务，管理孩子的生活学习一应事务，丈夫常年在外也不理解她。所以，当她找到了情绪的触发点之后，才发现自己真实的情绪。最后跟自己的丈夫好好沟通，找到了解决问题的方法，情绪也渐渐好了。

很多时候，情绪的发生往往是一件事情的表象，情绪没有好坏，引发情绪的事情得以解决以后，情绪也就有了改善。

情绪只是内心状态的一种反映，当有情绪的时候，就要想到自己面对的是空船，不是外面的人和事引起的，只是自己对情绪的认同而已。只要摆脱与情绪的认同，与它拉开一段距离，观察一下它，就会了解它的特性，它就会像烟雾一样慢慢消散，就会还我们一个本来清净的状态。

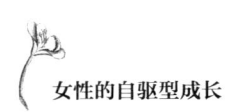

女强人是对家付出的另一种责任

很多女性,尤其是创业的女性发出这样的感慨:"创业女人顾不了家庭,顾家的女人赚不了钱。没有钱的女人很卑微,赚了钱的女人又很内疚。"据国外的一份调查显示,全职工作的妈妈中,只有10%的人会给打自己一个比较高的分数,而在兼职工作的妈妈中,只有24%的人,对自己的育儿表现满意。

事实上,完全没有必要,因为在事业上打拼的女性,是对家的另一种支持与责任。

很多人都认为,那些职场中最强大的女人,可以做到家庭和事业平衡。很多人也把这个当成最高标准来要求自己,导致很多女性对职场、对家庭都充满了焦虑和内疚。

作为一家大型集团公司的财务部经理,艾女士每天除了加班,就是各种应酬,即使推托了不少,可还是无法做到"贤妻良母"。3岁的儿子由婆婆照顾,由于经常性地加班和出差,难免会和先生发生争执。有一次,婆婆回乡下,孩子病了,艾女士加班到深夜,先生索性发了最后通牒:"再这么下去,日子也别过了。"虽然大部分时候先生是支持工作的,但在她无法兼顾家庭和孩子的时候,先生还是觉得女人应该优先照顾家庭。事后先生也跟她道了歉,但工作时,强烈的"负疚感"让她做事心不在焉,上司的脸色稍有异常,她便会归咎到自己身上。艾女士常把工作看成是双刃剑,既带给自己价值感和自信,但是也有深深的负罪感。她经常觉得自己是一个不合格的妻子和母亲。

而艾女士的丈夫是一家IT公司的主管,也经常出差、加班,觉得一个家庭应该由老人和妻子照应,自己没有什么太多的"负疚感"。

事实上,任何人都不会分身术,人的很多资源都是有限的,包括时间、注意力、耐心、自控力,消耗掉就没了。很大程度上,上班和带娃顾家就是互斥的。如果作为一个职场女性,工作干得特别出色的情况下,没有必要对于不能顾家心存"内疚"。这是一个平等的社会,女人干事业和男人干事业同等重要,男人顾家和女人顾家也同等重要。

所以,没有必要因为把工作的重心放在职场而产生内疚感,试想,一个不去工作的女人,产生不了任何经济价值,那会不会又被说是对家没有贡献而产生更大的愧疚呢?这是一个多元化的时代，女性有多种途径实现自我的提升和价值，工作是价值，顾家是价值，因为工作顾不了家也是价值，这个价值就是让普遍的认知开始改变。要让更多人意识到，当一个女人在职场上分身乏术的时候，职场应该给予女性更多的宽容与支持，家庭应该给予女性更多的理解与体谅。也让女性自己意识到，自己是个普通人，不是神，所以做不到兼顾所有。如果成为女强人，给家庭带来经济收入，那是贡献。如果只是一个家庭主妇，没有经济收入，那也是贡献。

建立正确的认识可以消除内疚感。首先，正确认识内疚感，想想自己产生的这种感觉主要来自做不好工作还是顾不了家？可以找到一个工作和家庭的平衡点，或者寻找一个外援，比如找家里的老人或保姆帮助。其次，明确自己工作的意义，可以遣散内心的内疚感。最后，远离让你产生内疚感的人。在很大程度上女性的内疚感不是来自自己，而是来自外在的评价，比如当听到别的妈妈们谈论"我不会让别人来带自己的孩子""教育孩子不能等，现在选择赚钱，等你老了孩子没有教育好，赚的那些钱不够孩子挥霍"。不让别人带孩子不见得自己完全能带好，教育孩子不是只要不工作就能教育好。只有将内心平衡好了，外在的平衡才会变得更加容易。

母亲是榜样，不是保姆

孩子最终会成为一个什么样的人，主要取决于他从第一个教育者那里所接受的爱的质量、陪伴和榜样示范。对于现在的孩子来说，从小第一个接触，也是接触最多的就是自己的妈妈，妈妈在孩子成长的过程中扮演着非常重要的角色，妈妈的性格、言行会影响孩子的一生。所以，妈妈的格局和成长就是孩子的未来。

什么是"固守母职"？简单理解就是把生活中一切事务都当成自己的事，不愿意转手他人，或者是感觉谁都做得不好，都想"放着我来"，因此活得特别疲惫辛苦。比如常见的场景是：丈夫做饭，妻子看不上，觉得丈夫弄得满灶台都是饭粒和菜叶；丈夫拖地，妻子看不上，认为弄得满地水印，灰尘推得满地都是；丈夫给孩子换尿不湿，妻子认为他笨手笨脚，弄得孩子直叫唤。觉得婆婆太惯孩子，于是亲力亲为；婆婆帮忙做饭，觉得饭做得不可口，家具放的位置不对……于是，看任何人做事都不放心、不顺眼。时间一久，男人总受到埋怨就会放弃参与权；婆婆觉得儿媳妇事儿多，于是选择放手不管。在他们的心中认为：你啥都行，你干呗。这就是"固守母职"所带来的结果。

当一个女性觉得什么事都找不到人替代，不是真的外面没有人，而是自己内心对别人不够放心，心里是惶恐的，是不愿意放权的一种表现。这样的女性不但很累，而且还会对丈夫生出许多抱怨，认为丈夫不帮自己，这是一种累死不讨好心理。

固守母职的这个天性，女性要稍微克服一下，理想型的母亲应该是孩子的榜样，而不是事无巨细处处操心的保姆。要学会让自己的另一半成为你的人生搭档，培养一下他。老公也是可以培养的，他也是可以学会做饭、拖地的。正如女性需要在职场上获得更多的权利，男性在家里也需要获得更多的义务和责任。作家格洛丽亚·斯泰纳姆在接受采访时说："现在我们知道男人能做的事，女人也能做，但我们还不知道女人能做的事，男人能不能做，我们相信男人也能做，而且我们应该给他们机会，证明这一点。"

作家谢丽尔在《向前一步》一书中说："一个所谓的好妈妈总是围绕在孩子身边，对孩子关怀得无微不至。社会学家称这种新现象为'强度母职'，这种现象从文化上强调女性应该花大量的时间和孩子在一起。

所以，固守母职看似把大把的时间花在了陪伴孩子身上，也把自己对于家的贡献发挥到了极致,但总体而言不太有价值。只有让自己不那么"固守母职",学会有意识地去放手,才是正确的选择。

有研究发现,在孩子的成长与教育过程中,父亲这个角色的参与度越高,对孩子的身心发展越有利,同情心与社交能力都能得到显著提高,未来孩子获得社会成就的概率也会越大,丈夫可以成为你生活的合伙人,你可以把生活上的事情一分为二,两人共同去承担。

虽然大部分人的观念认为男性要以事业为主,女性应该更注意家庭。但是,女性正确的做法应该是:

家庭的事务让丈夫多帮忙;不给自己设天花板,敢于去突破。

如果女性在家里控制欲强或太过挑剔,就打击了丈夫分担家务的积极性。A女士在孩子1岁多的时候,工作上迎来了新机会,公司提拔她为副总,当时很多人劝她,"你能去吗?孩子这么小,工作这么有挑战性,怎么顾家呢?""你这样会错过孩子成长的。""工作以后可以干,孩子你不管一下子就长大了。""你工作了,家里这摊子你爱人能处理得了吗?"结果洒脱的A女士把这些声音统统屏蔽,毫不犹豫地接受了公司的挑战。她认为家里的事、孩子的事,可以暂时交给丈夫和婆婆分担,她必须全力以赴工作上的托付。后来A女士放下了"固守母职"的心理,全心投入工作中，工作做得特别好，对于家里也没有太多的亏欠，孩子也很健康地成长着，倒是丈夫因为主动参与了家务与带孩子，变得更有合作精神，更值得托付了。

因此，女性要最大程度上避免育儿带来的困局，首先就要做到避免"固守母职"——在家庭生活中"适度放权"，鼓励伴侣一起分担家务和育儿，并从心底认可你的伴侣是你在生活与人生中的最佳搭档。

不要给自己贴负面标签

不要随意给一个人贴标签,这个观点无论是放在正在成长的孩子身上还是成人身上都有意义。如果非要给自己或他人贴个标签,一定要贴积极的、正面的。根据吸引力法则,你认为自己为人处世是积极的,那么最后的结果就是积极的;反之,如果认为自己是不好的、负面的,那么最终呈现的结果也是消极的。

心理学家做过研究,积极的标签会有好的结果。第一,个人取向的正向暗示。什么是个人取向的正向暗示?就是对自己做出一种整体性的判断,强调个人的能力。比如对自己说"我就是个急性子,做事从不拖拉",这就是一个积极的正向暗示,虽然有点儿凡尔赛,但一旦认为自己急性子是个优点,那么日久天长就真的会养成不再拖拉的习惯。第二,过程取向的暗示。自己在完成某个事情的过程中,对所做出的努力程度和运用的方法进行强调。比如,当你坚持了某件事,就跟自己说"我今天又努力了""我又有了新的技能"等。跟踪结果发现：经常受到过程取向鼓励的人更愿意接受挑战，并且愿意持之以恒，而且表现出胜不骄败不馁的精神。

还有一种，纯粹地以结果为导向进行暗示，强调最后的成绩。"哇！这个问题我竟然想通了""我竟然学会了法语""我竟然通过了这次考试""今天做的饭很美味"。

给自己正面的暗示越多，内在力量和成长的动力就会越足，心理学认为之所以出现标签效应，主要是因为标签有导向作用。

在第二次世界大战期间，美国心理学家做过一个实验，他们招募了一批纪律散漫、自以为是、不听指挥的新兵，要求他们每月往家里写一封信，信的内容很简单，就是让他们描述自己在战场上是如何奋勇杀敌，全力作战和团结合作，服从纪律和指挥的。结果半年时间过去，这些士兵真的变成了他们信上描述的那个样子。

所以，人一旦给自己贴上正面的标签，那么结果就会朝着好的方向发展。反过来，一旦贴上负面的标签甚至夸大负面标签的伤害，就会把自己拖进负能量的沼泽里。

有一次，妈妈被邀请去参加一个演讲活动，10岁的儿子跟她说一定要穿上漂亮的公主裙，把头发弄成好看的卷发，然后化上美美的少女妆。这位妈妈听孩子一说，非常惊讶地说："我是一个妈妈呀，怎么能够穿那样的衣服？"孩子定定地看了她一眼，然后非常诚实地说："你虽然是个妈妈，但你还是你自己呀，你就像公主一样美丽呀。"

所以，女性不要给自己贴一些所谓的"我是个妈妈呀""我已经 30 岁了""我是谁谁谁的太太呀"这样的标签虽然不全是负面的，但也不是正面的，等于你受制于自己的身份或角色，不再敢活出自己。更不能给自己贴"我就是笨，所以学不会""孩子不优秀都是我不会当妈妈""我就是太胖了，所以穿什么衣服都不好看"。这些都是负面的标签。

喜欢给自己贴负面标签代表一种逃避，也代表不自信。扔掉标签，努力去过一种不被任何人定义的人生，如果非要给自己贴个标签，那就贴积极、正面的标签好了。

第3章
打破世俗"定义"，从心灵束缚中突围

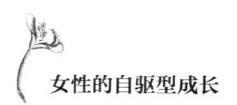

女性需要用成长的眼光看待自己

网上有一个热门话题：什么才是女性最大的底气？有人说，女性最大的底气是有一份稳定的工作，每个月有固定的收入来源；有人说，女性最大的底气是拥有一个好的婚姻，然后在家相夫教子；也有人说，女性最大的底气是实现自我成长，遇见更好的自己。

正如杨澜在《大女生》一书中写道：大女生，Big Girl，你拥有坚定的自我认同，敢于表达真实的愿望，勇于探索未知，无惧偏见与流言，善于学习和成长。

现在有越来越多的女性开始追求经济自由，坚持读书，拓展自己的见识，丰富自己的阅历。

能够实现经济自由、坚持读书，以及拥有自律且拓展自己见识的人，往往具备了成长思维，能够用"不断提升自己"做后盾，努力活出了人们看到的精气神与底气。

如何更好地了解自己

一生中,我们最难了解的人不是别人,而是自己。所以,改变我们人生方向的第一步,就是从了解自己开始。很多女性会说,我是一个好母亲、好妻子、好女儿,这只是女性扮演的角色,并不是她自己。

心理学认为,人的意识是受潜意识驱动的,一个人的"自我"就像一座冰山,我们能看到的只是表面很少的一部分——行为,而更大一部分的内在世界则藏在更深层次,不为人所见。一个人能够真正了解自己,就是去了解深层次的自我意识、内在价值以及应对事情的姿态。当我们减少对外界的期待,多看看自己的内心,关注自己真实的精神层面,就能减少负面情绪,获得由内而外的平静,而平静恰恰是一种非常强大的力量。

要认识自己,必须能够观察自己。就像你在看另一个人一样，你要注意来自内在的自我：思想、反应、行为。通过做这个练习，你完全有机会知道你真正是谁。通过这种方式，一方面，你可以找出自己的优缺点，另一方面，你能够知道什么使你快乐、什么使你愤怒。

了解自己的价值观。价值观代表一个人的立场，并且能够作为行为准则来指导一个人的行为。所以，不妨想一想，你的价值观是什么？是安于现状还是充满理想，是非常独立还是依赖别人。想想自己比较看重的东西是什么？是在乎眼前点滴得失还是目光长远不为小利所动？是愿意去创造财富还是只想享受财富？是取悦别人还是悦纳自己？总之，了解了自己的价值观，就会让你找到一个为之努力的方向。它能够帮助你迅速决定该做什么，不该做什么。

了解自己的兴趣爱好。很多人写个人简历的时候会写到兴趣爱好，而真正知道自己兴趣爱好的人却不多。比如读书、看电影、旅游等，这些严格来说不能说是兴趣爱好。真正的兴趣爱好是你对某个领域有超强的关注和好奇，能够持续吸引你的注意力。那些自然而然能够吸引到你的，并且激励你去主动完成或者学习的东西，才是你的兴趣爱好。比如，有人喜欢旅行，只要有机会就会出去旅行，或自驾或徒步等，既了解人文历史又让自己开阔眼界。有人喜欢摄影，会把大部分时间花在学习摄影和购买摄影器材上，走到哪里拍到哪里。这些兴趣爱好会让一个人不断地进步，也能让人更容易找到幸福感。一个有兴趣爱好的人，往往比不知道自己喜欢什么的人，更容易获得满足，也更能找到自己的归属感，而不会陷入无所事事中。

了解自己的性格。有句话说性格决定命运，一个人是否能够成长，很大程度跟性格有关，心中有很多想法但受制于懦弱的性格，迟迟不敢迈出尝试的脚步，最终也是一事无成。尝试去了解自己的性格特点，总结自己的长处和特质。了解自己到底是属于哪种性格的人群，这样我们才能够在社会中更好地找到适合自己的群体。做出符合自我决定的事情，而不是强迫自己去做不想做的事情。了解自己的性格特点可以帮助我们选择最有可能成功的环境、职业、人际关系。

了解自己的目标。目标是一个人奋发向上的动力，有目标的人不会浑浑噩噩过一天算一天，她们会努力地朝着自己既定的目标去生活和前进，有目标的人，每天都会非常明确地为之努力，而不会像很多人一样，看似努力，实际上却像是无头苍蝇一样，胡乱冲撞。找到自己的目标，才能够对自己的幸福、健康产生有益的影响。那些能够专注于自己目标的人，最后往往更容易成功。

"女人的不幸就在于她受到几乎不可抗拒的诱惑包围，一切都促使她走上容易走的斜坡：人们非但不鼓励她奋斗，反而对她说，她只要听之任之滑下去，就会到达极乐的天堂；当她发觉受到海市蜃楼的欺骗时，为时已晚；她的力量在这种冒险中已经消耗殆尽。"

女人了解了自己以后,才不会被别人左右,也才能更大程度地抵制诱惑,知道自己努力的意义而不会把自己的力量消耗在无意义的一天又一天中。

女性的能力决定家庭地位

有句话说，一个人在家庭的话语权取决于他对家庭的经济贡献能力，虽然很多人知道这是一条真理，但大部分只是想要，不想付出行动。如果女性在为一个家默默付出的时候没有被看到，不被尊重和重视，那么十有八九是自己能力不足。

一些女人在做着繁重的家务之外，却没有获得老公的尊重和珍惜，所以她们不免产生各种哀怨。一个女人在婚姻中的地位越低下，她的付出在家人眼里就变成了理所当然；相反，一个女人家庭地位越高，她的付出就越容易得到家人的认可和尊重。

小勤结婚以后就安心当起了家庭主妇，闺蜜每天过着早九晚五的生活，她还劝对方说不如早早结婚生子，省得这么辛苦。但是当她过了三年全职太太的生活以后，发现自己越来越与社会脱节，好像原本的自信也渐渐失去了光华。于是她重新选择学习自己的专业，一边带孩子一边学习，等到孩子上了幼儿园，她也通过了考试，拿到了一个含金量很高的证书。等到孩子上了幼儿园，小勤就重回职场，小勤没有再选择当全职妈妈，而是雇了一个保姆接送孩子，雇钟点工收拾卫生，而她自己则一边学习一边提升自己的工作能力。

学习能力和赚钱能力是女人必须具备的，只有凭自己的能力赚钱，才能看到喜欢的衣服可以毫不犹豫买下来，想做个美容养生也不会囊中羞涩；遇到喜欢的人，可以和他肩并肩，而不是依附或过手心向上的生活；遇到家人生病时，有能力负担；最重要的是，有了赚钱能力的人才有说走就走的自由，才能在烟火生活中寻找诗和远方。

女人的能力会让女人不再被动，而是有了更多的自我。女性能做到经济上不依靠娘家，也不依靠丈夫。在家里才有决定权，家庭地位才比较高，这是一个成长型新女性的状态。

有勇气改变是成长的第一步

很多女人都无法清晰定义自己是谁,总是活在自己敏感而又脆弱的自我世界中,对自己完全没有信任可言,也可以说是自己没有勇气去改变,所以才会陷入无法成长的状态里。

从心理学的角度来说,勇气和信任具有强大的力量,一个人只有相信自己,才能拥有这样的力量,才能在人生中做出更好的表现。阿德勒在《被讨厌的勇气》中说,当我们不再追求外界的认可,而努力寻找自己的力量,拥有了不怕别人讨厌的勇气,就真正活出了价值。

大多数女性的固有思维是:"事业有成的人多数是男性,即使我再努力,等我结婚成家以后还是需要回归家庭,还是要放弃自己的梦想和职业,爬得再高也无济于事。"一旦有了这样的固有思维,思想就会变得固化和持否定状态,不可能、没办法、不知道等词汇会让你的大脑停止思考,不会再为结果找答案。在做事的时候会出现推卸责任的心态，这样看似逃避了一些责任，实际上损失了很多成长的机会，也会削弱一个人的能力。一个不敢担责任的人凡事不敢往前冲，更不敢拼，甚至出现不给钱不干活，给钱少不愿做这样的被动状态，久而久之就丧失了获得财富的能力。

因此，女性想要成功，就不能受制于固有思维，而要有勇气改变，实现自我成长。女性的成长不一定非要成为女强人，真正的成长是成为完整的自己，不被传统所定义，不被世俗所束缚，能按照自己喜欢的生活去过一生。

很多女性其实并不清楚自己真正想要什么、真正需要什么，尤其是在生活安逸的状态下，更不会去想成长对于自己意味着什么。一旦平顺的人生发生变故，便会手足无措，要么自暴自弃就此沉沦，要么被逼无奈蹒跚前行，哪个过程都不好过。谁都不想被人生中的变故打败，所以最好的方式便是未雨绸缪，主动去成长、不断地去成长，以应对变化无常的人生。

面临改变和突破的时候有两种人，如果用游泳来比喻，一种人站在泳池边不断纠结，不断犹豫，最后依然不敢去尝试；另一种人选择直接跳下去，可能最初会因为不会游泳而呛水，但最终会在不断扑腾的过程中学会游泳。女人也是如此，当你没有什么可选择的余地，失去所有依靠的时候，也是自己真正成长的开始，必须克服依赖、恐惧和失望，拼命向外寻找，才能收获最好的自己。

这短短的一生，我们最终都会失去，你不妨大胆一些，爱一个人，攀一座山，追一个梦。

拥有抗挫能力很关键

抗挫能力，我们可以理解为心理承受能力，心理承受能力是个体对逆境引起的心理压力和负性情绪的承受与调节的能力，主要是对逆境的适应力、容忍力、耐力、战胜力的强弱。一定的心理承受能力是个体良好的心理素质的重要组成部分。

Nature 曾刊文称，女人或许是比男人更坚强的物种……当事情变得情况复杂以及艰难的时候，女人会比男人显得更坚强持久。水滴石穿，以柔克刚，很多时候，女人要去包容更多的东西，要面对更多的情形，要在感性和理智之间处理更多的变量。当男人都已经放弃的时候，女人恰恰是坚持到最后的那个人。

这几年很多女性创业者从毕业拿几千块到经历微商时代大赚几百万，再到没落负债几百万，再挺进电商赚钱，转而又被直播带货挤出去，现在又开始扎进个人品牌领域，研究起知识付

女性的自驱型成长

费……她们好似不知疲倦，永远在折腾。这种超强的学习力、修复力、抗打击能力让女性在这个不确定性的时代更容易在危机中创造时机。这是女性的优势。

女性要成长不要害怕犯错误，不要害怕挫折与失败。一个人的成长其实是一个反复试错的过程。不要把自己当成一个弱者，认为别人应该照顾你，任何时候没有人会因为你是女人而让你三分，没有人能时刻照顾你的感受。所以，最好扔掉玻璃心，练就厚脸皮，拥有强大的心理承受能力。

微博上有一个问题：哪些能力很重要，却是多数人没有的？有一个回答是：一个人最重要的能力是抗挫力。因为人们面对逆境时的反应方式几乎可以决定一个人的命运。但凡不具备抗挫能力的人，往往受制于"受害者思维"，遇到一些本来不算什么大的事情，也让自己耿耿于怀难以走出来，这就是一种受害者思维。对某些人来说，小时候犯错挨打，非常正常；可是对于某些人来说，做错了事，被说了两句，就如同奇耻大辱、不堪忍受，前者就是一种抗挫能力的表现，后者却无法释怀。

只要你认为这算是一个挫折，那么这一挫折在你当时的认知体系中就会有一个测评级别，这个级别没有定论，只在每个人的心中。这一挫折对你来说算是什么？是轻微不适，还是很难受？是无法释怀、翻来覆去的折磨，还是抓心挠肝、如热锅上的蚂蚁，根本就平静不下来？

那些能把"大事看小，小事看无"的人，才是真正具备抗挫能力。所以，想要让自己拥有抗挫能力就要学会"转念"，也就是转变思维，对同类事件看得淡然了，不当回事了，才是真正释然与治愈的关键。这样的人往往也是情绪管理的高手，不和外在事物较劲，也不和自己较劲。悦纳外在的人事物，也能放过自己。这样的思维和能力，本身也属于女性自我成长的一部分。

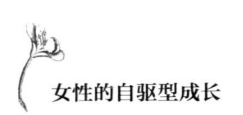

打破固定思维,锻炼成长型思维

想要真正实现自我的成长,就要具备成长型思维,否则永远被禁锢在固有的思维里裹足不前。

斯坦福大学心理学教授卡罗尔·德韦克提出人的思维方式分为两种,一种是成长型思维,一种是固定型思维。在她看来,一个拥有成长型思维的人,将乐于接受挑战,并积极地去扩展自己的能力。而这也是女性实现自我成长应具备的能力。

总有这样的声音存在:

女人过了 30 岁还不结婚,就没有人要了。

有了孩子的女人,就不再年轻了。

年龄大了,记忆力下降,学了也没啥用。

但另一种思维是:

30 岁,只是一个数字,不结婚是因为我需要更多的时间筛选。

有了孩子，我将和孩子一起成长，始终保持年轻的心态。

年龄大了，记忆力不好，但我有更好的逻辑思维和学习力，只要我坚持，一定能有收获。

前一种是固定型思维，后一种是成长型思维。

固定型思维的人逃避挑战，只要遇到有难度的事情就退缩不前，而成长型思维的人则乐于迎接挑战，愿意去做一些新的尝试，哪怕错了也会在错误中学习。

固定型思维的人痛恨变化，在改变现状上觉得自己无能为力，而成长型思维的人则拥抱变化，认为凡事皆有可能。

女性只有打破自己的固有思维和行为习惯，才能在看问题和解决问题上有所突破。任何一种能力的提升，都需要通过不断的刻意练习来达到，心智和思维也是如此。我们应该问问自己，现在是成长型心智吗？我们拥有终身成长的心态和思维吗？乒乓球冠军邓亚萍在演讲中说，之前教练在选择队员的时候会考虑队员的身材、高矮等，但自从她通过自己的努力成为冠军之后，就打破了教练选择队员的苛刻标准，因为她的实际水平告诉教练"个子矮的女生照样可以当冠军"。退役以后邓亚萍开始在清华学习，刚进清华的时候她连26个字母都写不全，但邓亚萍没有气馁，她告诉自己："我不比别人差，同学们的学习经历比我强，但运动生涯是我的优势，我有坚韧的性格，别人能做到的我一定能做到。"正是靠着这种成长型思维，她选择继续学习，把自己奥运

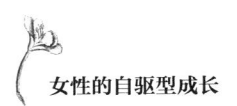

冠军的成就翻篇，让自己在另一个学习领域做得更好。

女性成长型思维就是在任何困难面前不抱消极的态度，不认为自己不行，可以对自己说"我可以再好一点"，这种积极的心态能让自己在原有的基础上再好一点，再提升一点，慢慢思维模式就改变了。

成长型思维包括三个要素。

一是注重自我提升。不断提升自我，超越自我，不要停止提问和探索，这才是成长的不二法门。

二是自我激励。为自己取得的一点点进步感到欣喜，为不断接近目标感到欣慰，为可以看见的自我成长感到开心。

三是敢于承担责任。为自己的失败承担责任，不要找理由。然后分析自己的不足以及可以改进的方法。

成长型思维模式者为了达成某项成就，倾注全身心的努力、保持无限的动力、忽视一切外部干扰，哪怕失败也能直面挑战，继续战斗，她们相信某项专长并不是先天能力决定的，而是可以通过精准努力获得。

不要在意他人的评价

尼采说过:"千万不要忘记:我们飞得越高,我们在那些不能飞翔的人眼中的形象越是渺小。"

生活中,有很多人非常在意自己在别人心目中的形象,别人对自己的看法,一旦进入这个怪圈之中,你在意什么你就会吸引什么。如果太在意别人的评判,就说明你的心智、思维、肚量都不如别人。如果你比别人层次高、有能量,别人是无法影响你的。如果你特别在意别人的评价,那么就是有一种力量在提醒你,你需要进行自我提升了,你的能量需要从负能量向正能量行走了。只有低层次的人才会不断议论和评判别人,一个高层次的人会把大量的时间用在自我提升上,向别人学习,而不是看别人的笑话。

不要太在意别人的评价,别人说你好能怎么样,说你不好又能怎么样,他们能左右你的生活吗?作家村上春树说:"不管全世界所有人怎么说，我都认为自己的感受才是正确的。无论别人怎么看，我绝不打乱自己的节奏。"

真正具备成长思维的女性，一定要有钝感力。在一些事情上受到挫折，给别人的感觉就是该干什么干什么，别人以为你很迟钝，其实你是在用一种智慧保护自己，不为外界所动。钝感力是一个心理学名词，它是指人们对外界刺激所反应的强度。比如，听到两个同事在说话，人家见到你就闭嘴了，钝感力弱的人就会觉得"她俩一定说我的坏话"，而钝感力强的人根本不管别人在说什么。再比如，当你的老公说"今天的饭真难吃"，钝感力弱的人就会非常委屈，感觉老公不爱自己了，而钝感力强的人则会笑笑说："我就这个水平，你就凑合吧。"

所以，真正不在意他人评价的人，往往都是具备钝感力的人。具备有益的钝感力，指的就是拥有迟钝而坚强的神经，不会因为一些琐碎小事而产生情绪上的波动。女人从恋爱到结婚，从夫妻到婆媳，从家庭到工作，过于敏感的人似乎更容易受伤。很多时候，不是别人为难你，而是自己为难自己。

现代社会，女人要承受来自方方面面的压力。不过比起生活本身的困难，心态对人的影响更大。钝感力是一种值得女人去好好培养的能力，你必须学着降低对外在世界的敏感度，才能更加忠于自己的感受，倾听内心的声音，为人生最重要的事努力。

让自尊心和自信心实现良性循环

关于自信，心理学的定义是个体对自我价值的意识、感受以及从中获得的某种信心。一般自信的人符合两个标准：一是认为自己有能力实现设定的目标；二是相信自己的能力、才华和效率。拥有自信的人往往是自尊感强的人，因为自信能促使一个人相信自己能做某件事，并且容易抛开自卑心态投入热爱的事情中。在这种积极行动中，又能做出一定的成就去超越原来的自己，这样无形中又会给自尊打下坚实的基础。

自信对于女性为什么重要呢？因为它能让女性更清醒地看待自己与别人、与这个世界的关系，敢于去迎接挑战，敢于去面对不确定的未知。

女性如果没有自信，往往自尊水平也会随之降低。心理学家研究了不同性别的人在建立自信时的状态。男性遭遇挫折的时候往往更容易向外归因，不去打击自己的积极性；而女性则更多向内归因,认为挫折不是外部因素,是自己不行。举一个最简单的例子,同样做一道数学难题,男生不会做的时候会说这个题真难,题超纲了。而女生则认为自己不够聪明,不够优秀,所以解不出来。

习惯于把挫折归因于自己的过失或能力不足,就会拉低自信心。

悦子是一家大型会计师事务所的专职会计,育有两个孩子。在外人眼里,她有稳定的工作,美满的家庭。但悦子总是不自信,她认为,自己的丈夫是法学博士,工资赚得比她多,而且她总是加班对两个孩子疏于管教,不是一个称职的妈妈。尤其过了40岁,她发现自己身材变胖,从此不再敢与丈夫一起出去度假,尤其不敢穿紧身衣。有人夸她美的时候,她会不自觉脸红,认为别人只是礼貌罢了,事实上自己没有那么好。

悦子的这种想法就是一种不自信、低自尊的表现。

一个人的自信与自尊是有密切关系的。拥有自信的人,往往是高自尊的人。而没有自信的人,往往缺乏自尊。不自信就容易表现为低自尊,从而导致女性不懂得设限、畏畏缩缩、低声下气且态度悲观。而想要与自己和平相处,拥有良好而健康的自信心和自尊心是前提条件。

那怎么培养良好而健康的自尊呢?首先不要低估自己。要告诉自己：你已经为此努力奋斗过了，千万不要在无休止的追问中迷失了方向。其次要避免各种假设而导致自我怀疑，要对自己进行共情，比如，要常常想"长得不够漂亮，事业不够成功，但是我已经做到了能力范围内的最好，而且一直在继续努力。"当一个人用共情的眼光去爱自己、评判自己的时候，就能更少受他人评判的搅扰，从而能够更大胆地构想人生，在生活中也更有安全感。如此一来，便能增强自信，不骄不躁。

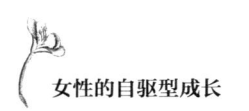

打破内心限制

任何限制都是从内心开始的。心理学研究表明，女性相较于男性更容易低估自己，如何打破内心的限制不被外界物化是女性一生重要的课题。当女生在学生时代，老师会说"女生后劲儿不足，你看到了高中就不行了。"如果女生读到了博士，又会被人们说"女生学历太高，不好嫁人。"大部分女人存在容貌焦虑，长得丑被认为"丑女没有春天"，长得太漂亮又被说成是"花瓶"。作为员工更是如此，会有"已婚未育"的尴尬，等到事业有成以后又担心婚姻失败。

这些声音就是女性内心的限制，这些限制往往会让女性失去很多机会。面对机会的时候，很多人头脑里都会有一种声音：我是个女性，差不多得了，我好想找个人依赖一下。这就是一种内在的限制，只有打破内心限制，肯定自我，不再把自己物化，整合内在的潜力才能活出更优秀、更完整的自己。

第3章 打破世俗"定义",从心灵束缚中突围

稻盛和夫在作品《心》里说到,人生中所发生的一切事情,都是由自己的内心吸引而来的,很多人之所以一辈子碌碌无为,始终被困在一个高度,并不是因为他不聪明,没有能力,而是因为被心中的限制性信念,比如"我不行""我做不到"等限制住了自己的潜能。

人生有一种美好是"我做到了我原本以为做不到的",还有一种遗憾是"原本你可以,却没有去做",原本你可以变成更好的人,原本你可以过更好的生活,原本你可以实现自己的梦想,但是因为你对自己的潜能设限了,所以只能眼睁睁看着别人过你想要的生活,实现你想实现的梦想。如果你不想有这种遗憾,想要看到自己人生的更多可能性,你就要学会去打破限制,突破自己,改变自己。

农民作家马慧娟初中因贫困辍学,后来结婚生儿育女,扛着锄头下地干农活。她种田、养牛、养羊,照顾孩子,过上了农妇的生活。但不同于其他农妇的是,马慧娟喜欢读书。她一直认为,哪怕当一个农妇,也要当一个有文化、有知识的农妇。离开了校园不打紧,社会处处都是学校。当时家里穷,没钱买书,她就跑到山上去摘蕨菜,卖了钱,然后拿去买书看。后来,马慧娟买了一部手机,开始在手机上写作。干农活间隙,她坐在田间地头写;做完家务、喂完牛羊,她坐在屋檐下写;有时半夜醒来,趴在炕头上写。十多年间,马慧娟在手机上敲出上百万字,按坏

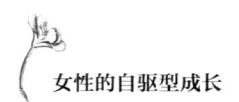

了13部手机，出了5本书。

如今马慧娟加入宁夏作协，被推荐到鲁迅文学院学习，还成为全国人大代表。马慧娟说："很多人都说读书看不到、摸不着，但在我看来，正是阅读改变了我的人生。它让我的人生充盈，一路从田间地头走到人民大会堂。"

马慧娟的人生是读书改变的，这种改变也是她始终相信自己、不给自己内心设限促成的。就像她的散文集《希望长在泥土里》一样，只有心怀希望，泥土里才会开出美丽的花。有多少人变成了农妇就甘愿守着黄土，有多少人即使大学毕业也不愿再啃书本？所以，决定一个人是不是成功，不是她本身有没有本事，而是愿不愿意去展现自己的本事。

所以，当女性开始拥有觉醒的意识以后，就要有意识地打破内心的限制。如果受先天生长环境影响和后天自我成长的影响不太容易突破自我的时候，可以参照下面几点进行练习。

首先，打破内在的限制性信念，比如当你想要去做某件事的时候，内心有哪些打击自己的声音、质疑自己的念头，这就是限制性信念。

其次，不回避也不逃避更不找借口，仔细想想那些打击和质疑是不是真实的，如果不是那就要继续挖掘，直到找到为什么会给予自己质疑，然后去接受才是打破这个信念的最好办法。

最后，创造一个新的信念，这个新的信念要积极，要更加真实，带着肯定自己的那种念头，最开始你可能无法说出来，试着想一个积极的念头，每次只要敢去想积极的念头就是进步。

每个人都拥有无限可能，只是心中的限制信念阻碍了行动的脚步，找到自己的限制性信念，创造积极的信念替换它，思维模式才会发生改变，才有机会去靠近无限可能。

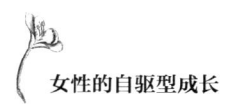

始终忠于自己的内心

在生活中,每个女人,都希望自己是活成一束光,穿透所有的黑暗和恐惧。那怎样才能做到这一点呢?很简单:坚定地"做自己"。如莎士比亚在《哈姆雷特》中所说:"愿你不舍昼夜,忠于自己。"无论是学业、工作,还是爱情,都要忠于自己的内心,而不是过分在乎父母、朋友的想法。

要知道,在这个世界上,没有人能替你生活,做任何事,最终的决定权在于我们自己。因此,我们要有强大的内心。事实上,拥有一颗忠于自己的强大内心非常重要,尤其是对女性而言更是如此。

在《简爱》中有一句话,叫"生命短暂,不必活成别人期待的样子"。女人的一生是活出自己的一生,是忠于自己的一生,当你把人生的评定权交给别人时,就会如水中浮萍,身不由己。

每个人的一生都需要去思考:"我是谁""我到哪里去""我

要怎么活"。当我们在思考这些问题的时候，我们的内心才会真正地觉醒。每一个优秀的女人都是独一无二的，她们会忠于自己的成长，忠于自己走过的路，而不是去按别人的看法去"拼凑"自己。

知名歌星王菲，很多人都喜欢她，不只是因为她歌唱得好听，更是被她身上那种坚定的忠于自我的感觉所吸引。王菲是一个非常自信和洒脱的人。她忠于自我，活出了自己想要的模样。

在非常年轻的时候，她就有了很高的知名度。她一直不拘一格，行事作风有点特立独行，不喜欢被条条框框所束缚。

王菲很少会顾虑一些琐事，她始终忠于自己，不怎么在乎外界的评价。很多时候，她不会去违背自己的意愿，做一些原本不想做的事情，说一些不想说的话。比如，她不太看重名利，平时除了参加一些演出，或是公益活动，很少会在媒体露面。她有自己的理想和目标，也有自己想要走的道路，不论是在音乐上还是感情生活里，她总是给人一种"我行我素"的感觉，不论外界怎么评价，她只安心做自己。

忠于自我，才能按照自己的想法生活，才能走出独特的人生之路。忠于自我看似简单，实则很难做到。在现实社会中，每个人都不可避免地会受到他人的影响，能做到忠于自我的人，需要极大的自我肯定和认可。

女性的自驱型成长

有这么一句话："这世界上有两种女人，一种缺乏自信，很容易被外界影响，不敢做真实的自己，总是活在别人的阴影里；另外一种女人恰恰相反，她们内心坚定，敢于坚持自己的想法，不会轻易被别人影响。"忠实于自己，或许无法获得尘世所定义的成功，但肯定会获得悠闲的心灵，即使这样的路途有许多艰辛，也能尽情挥洒自己的爱，活出自己的精彩。

从这个意义上说，忠于自我的女人，是有灵魂的女人，在她的心里始终有一盏光；忠于自我的女人，是敢于做出选择的女人，能够坚持自己内心深处最真实的渴望；忠于自我的女人，是有风格的女人，她能再活出美丽的自我。

要过真正独立的人生

没有人会成为你以为的、今生今世的避风港，只有你自己，才是自己最后的庇护所。

女性如果自己能够赚钱，当你带父母去一家高档餐厅吃饭，你无须在意菜单背后的价格；当你的父母生病时，你能带他们去最好的医院，接受最佳的治疗；当隔壁邻居家的阿姨炫耀自己儿子多么优秀的时候，你的父母也能够底气十足地说我女儿也不差。更大的意义还在于，努力的女人不会闲得无聊无事生非，也没有多余的时间在意别人。努力的结果还能形成一种积极的榜样力量给孩子以示范。最终靠着努力得到的是获得幸福生活的底气和信心。

有很多女性，即便爱人收入很高，她也要自己"找事情"，有的选择创业，有的选择去更高压力的职场工作，不会安心做"默默无闻的女人"。这就是一种上进心，不甘心让自己只拥有一亩三分地，而是要拓宽自己的活动范围，拥有更多的可能性，不在经济上依附他人，在实现经济独立的同时收获情感独立。

著名导演李安接受记者采访时坦言，如果没有自己的妻子，自己不可能有如此成就，他的高度是妻子给的。

李安未成名之前曾一度在家当了6年"家庭煮夫"。这6年里，李安每天除了在家里大量阅读、看片、埋头写剧本外，还负责买菜、做饭、带孩子，打扫卫生。每到傍晚，他就和儿子一起兴奋地等待"英勇的猎人妈妈带着猎物回家"。

这6年来，都是妻子林惠嘉挣钱养家。她是美国伊利诺伊大学的生物学博士。亲戚、朋友曾问林惠嘉："为什么李安不去打工？大部分中国留学生不都为了现实而放弃了自己的兴趣吗？"看到老婆一个人养家，李安觉得过意不去，偷偷地开始学电脑，希望能找一份工作养家糊口，那时他正打算放弃电影梦想，情绪萎靡不振，被妻子发现后，她一字一句地对李安说："安，要记得你心里的梦想！"后来妻子又告诉他，"学电脑的人那么多，又不差你李安一个！"

林惠嘉是一位非常独立和出色的女性。李安曾说："妻子对我最大的支持，就是她的独立。她不要求我一定出去工作。她给我充足的时间和空间，让我去发挥、去创作。要不是碰到我妻子，我可能没有机会追求电影生涯。"可以说，妻子林惠嘉的鼓励和支持，以及在婚姻中独立的个性成就了李安的梦想。

所以，女人要有自己的圈子，学习的圈子，工作的圈子，自己挣钱自己花，只有真正独立了，才能产生影响力，去影响甚至帮助身边的人，那样的生活才更加自信有底气。

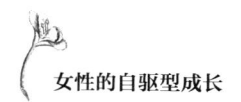

我养你，只是一句玩笑话

婚姻中，很多女人抱怨男人，"他为什么婚前对我好，婚后就变了？""我都为他放弃事业了，放弃家人了，他为什么发达了就变心了？""他为什么就不顾家呢？"

这是很多婚姻出现不和谐的前兆。如果只知道一味抱怨而不去想背后的原因，那么婚姻很难实现长久稳定。

好的婚姻是双方共同成长，是为彼此提供价值，没有价值就会被替代，不论男人还是女人。无论你以什么目的走进婚姻，都是对方当时给你提供了所需要的价值，同样你也给对方提供了价值。

很多婚姻出现不稳定的时候，往往是不能持续向对方提供价值，反而还对对方的要求不断提高，男的希望老婆貌美如花，又会赚钱，又会做家务，还能把孩子带得好。女人希望老公又能赚钱，又能做家务，又能带孩子，又能容忍自己的坏脾气，还要心思细腻体贴入微。两个人，一个要完美老婆，一个要完美老公，但自己却做不到，于是就各种挑剔、找事、道德谴责最后上升到人身攻击，最后亲密关系就变得疏远和陌生了。

所以，想要维持长久稳定的婚姻关系，就要想清楚两个问题：

第一，对方要的是什么。

第二，我能给的是什么。

想清楚了这两个问题，再去制定最优的策略，有目标、有行动、有方法去逐步实施，只有双方不断满足对方的需求，婚姻自然就能稳定长久了。

很多女生在谈恋爱的时候，喜欢听到男生表白"将来我养你啊"。不可否认，听到这样的表白的确很幸福，但不要被这样的幸福冲昏头脑。这样的话，听听就好，不能太当真。无论是结婚前还是婚后，即使自己的爱人真的富甲一方养你没有问题，自己也不能成为坐等别人来养的人。

电视剧《我的前半生》中年轻漂亮的女主罗子君，婚后宅在家里，过着有钱悠闲而又滋润的太太生活，老公陈俊生在婚前曾经答应过她，会养她一辈子。因为有老公的承诺，罗子君便高枕无忧。住着豪华舒适的大房子，家务和孩子有保姆打理，自己闲来无事就逛商场，一言不合就买买买。

但是这种生活并没有让罗子君从此过上公主般的人生，陈俊生并不是她的长期饭票。当她还沉浸在不用做家务，不用带孩子，又能随心所欲花钱的时候，老公出轨了，毫无征兆又在情理之中。

哪怕当时陈俊生承诺过"我养你"，哪怕罗子君并不丑，但婚后她因为不独立而去依靠陈俊生的时候，已经让自己人格魅力下降，变得卑微。于是，她的老公厌倦了，只想摆脱她。

罗子君的前半生过得一地鸡毛，好在得到闺蜜唐晶的帮忙，后又得到贺涵的鼎力相助，后半生开始逆袭。

另一个女主角唐晶却正好跟罗子君的人生相反，从一开始就是职场白领，有工作能力，非常富有的男友承诺如果结婚可以给她一套房子，她却拒绝了。唐晶代表的就是有经济能力的女人，不但可以不受物质诱惑，还能掌控自己的人生。

"我养你"是一句爱的宣言，但不能当真，如果当真，结果可能就是，一个未婚少女义无反顾地走进了婚姻殿堂，而一个已婚职场女性为了照顾家庭，选择了洗手做羹汤的生活，从此开始了手心向上的生活，但这种生活随时都会因为自己没有经济收入而改变结局。

养你的人，他也会累了，倦了，没有能力养你了，这时他渴望的可能是一个在他进攻时能和他并肩作战，在他退守的时候能保他有一方安静家园的伴侣，而不是一个一无所知地坐等花钱的人。

所以，一个不断成长的女性，首先不会放大自己"好逸恶劳"的原始本能，而是要去克服这种本能，找到一份可以养自己的工作和收入。这应该是一切的基础，也是觉醒的基础。正如亦舒说的："生活上依赖别人，又希望得到别人的尊重，是不可能的事情。"

第4章
保持上进心，活出别样人生

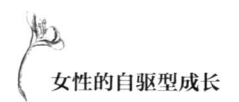

相信什么就会吸引什么

心理学上有一个名词叫作吸引力法则,意思是你相信什么,你就会吸引什么;你是什么样的人,就会遇到什么样的人;你相信善良,就会吸引善良,你相信真诚,就会吸引真诚的人。如果你松散偏激、懒惰,那你身边的人往往自私、吝啬、薄情,反之,如果你乐观、开朗、有能力,你身边的人也会友善、大方、对你好。你所处的世界,就是你自身的投射。

人生中所发生的一切事情,都是由自己的内心吸引而来的。犹如电影放映机将影像投映到屏幕上一样,内心描绘的景象,会在人生中如实再现。

如果你只是一块小小的"磁铁",或者"磁力"很弱,就算把一大堆铁钉、铁块放在你边上,你能够吸引过来的也会非常有限。所以,你如果想让自己的能量很大,就必须要增加你的"磁力"。另外,要保证自己身上的"磁力"是正向的。在磁铁中,有一端是"负极",如果是把负极的一段对准铁钉,你会感觉到那个磁铁释放的不是吸力,而是排斥力。

一个人看世界的角度,其实就是在照镜子。你看这个世界是灰色的,你所在的世界就是了无生趣的;你觉得自己是没价值的,那你就会发现自己一事无成;你认为自己是自卑的,那到处都充满挑剔的眼光。

比如,一个人认为自己不是读书的料,那么慢慢就真的成绩不行,考试不及格,最后通过"自证"发现自己真的不是读书的料。如果一位太太认为自己的先生不忠,他随便和异性说了一句话,就疑生疑鬼认为有问题。这些都是心理学上的"自证预言"。

不管是男人还是女人,只要他们的内心充满爱,那么,他们在任何一方面都能看到爱,并且可以吸引别人的爱。而那些满怀愤恨的人却只能得到愤恨。头脑中满是"战斗思想"的人在获得成功前往往不得不面对无数战斗。道理就这么简单,所以任何一个人都可以通过心理的无线通信来获得自己所召唤的东西。

小慧是一家公司的销售经理,之前她的生活可以说是一塌糊涂,嫁了一个她不爱也不爱她的男人,生了一对双胞胎以后,夫妻俩因为谁照顾家常常发生争吵。小慧在与同学聚会的时候发现大家都活得比自己光鲜,而自己的生活简直就是一团乱麻。后来让她发生改变的是因为她上了几次关于"吸引力法则"的课,慢慢感觉到自己不幸福、不快乐的种子在自己身上,于是她试着先从自己改变。从内心开始生出一种感恩的力量,她每天睁开眼睛的第一件事就是感谢自己有一个幸福的家庭,有能干的老公,有一对双胞胎孩子,自己还很健康。当她有了情绪的时候,就努力想一些好的事情去替代。坚持了大概两个月,她就发现自己的状态以及家人的状态都发生了变化。

以前每次老公回来晚了,她就忍不住查手机;丈夫不太会看孩子,她就责骂和抱怨。后来她学会了换位思考,他也不容易,我做好自己分内的事,就是对他最好的支持。没想到,小慧改变了一点点就让老公感到了体谅和尊重,现在两个人即使经常在一个空间各干各的,感情却反倒比恋爱时还好。以前在公司,小慧总觉着领导偏心别人,同事也排挤她。于是她就想,先专注做好自己,不挑剔,不埋怨,结果自有天定;后来不仅业绩越来越好,和同事矛盾也少了很多,年底不仅升职了,工资还涨了30%,同事也觉得她踏实稳重,是可以信任的领导。

就这样,她自己变得越来越好的时候,外面的世界也都跟着变好了,这就是吸引力法则的魅力。正能量吸引正能量,负能量吸引负能量。

《吸引力法则》一书中说:假如能让"我一定能"和"我想做好"的想法占据思想的高地,假如能始终告诉自己"我一定能"和"我想做好",假如你一贯的梦想就是"我一定能"和"我想做好",假如你一直念叨着"我一定能"和"我想做好",

假如你在任何人面前都表现出"我一定能"和"我想做好",假如从今往后你都生活在"我一定能"和"我想做好"的气场中,那么,情况就正在改变。在你的生活中,全新的改变每时每刻都在发生。这种改变所带来的作用显而易见,你会发现,自己的生活已经发生了重大改变,自己在用全新的角度看待问题,"自我的回归"逐渐变为现实。你会意识到,自己的生活正在慢慢变好,自己的表现变得越来越理想,更多美好的事物都来到了你身边,不管你做什么事,都能够比以前表现得更好。而实现这样的改变并不困难,只要能成为一个"我一定能"和"我想做好"的人。

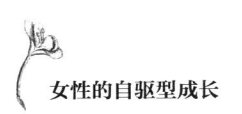

发现自己的天赋，走自己想走的路

很多女性困于自己的一方小天地里不敢向前一步，多数源于对自己的不了解，认为自己太过平凡和普通，没有什么天赋，所以也找不到自己适合的路。事实上，每个人都有着与众不同的能力与特点。

有个寓言故事是这样讲的：

曾经，有个乞丐在路边坐了30多年。一天，一位路人经过，这位乞丐机械地举起了棒球帽，说："给我点儿吧。"

路人说："我没什么东西可以给你。"然后路人接着问："你坐着的是什么"？

乞丐回答说："我什么都没有，只有一个旧箱子而已，自我有记忆以来，我就一直坐在上面。"

路人问："你曾打开过箱子吗"？

"没有。"乞丐说,"那有什么用?里面什么都没有。"

路人坚持问道:"打开箱子看一看。"

乞丐这才试着打开箱子。这时意想不到的事情发生了,令乞丐欣喜若狂:箱子里竟装满了金子!当然,我们不是这位乞丐,机械地每天重复乞讨的动作。然而,我们又或许像这位乞丐,一往向前,忙忙碌碌地拖着自己习以为常的行李,却从未发现自己一直携带着宝箱。

天赋是每个人身上自带着的那个宝箱,你不去打开它,就等于一直没有。

每个女性身上都有自己喜欢并擅长的领域,你可以是运动达人,也可以是画画高手;你可以是好书推荐博主,也可以是直播带货达人;你可以是育儿高手,也可以是跳舞或做饭的能手。总有一项属于自己的天赋是可以拿得出手的。在这个"是金子就会发光"的时代,你只要有那么一点点天赋,就不会被埋没。

每个人都可以发掘自己的天赋活出独特的自己。那么普通人如何发现自己的天赋呢?

(1)列出自己所擅长的东西,然后从列出的几项中逐一排除,最终选一个自己最最擅长和喜欢的。

(2)找到兴趣所在。这里的兴趣多指日常兴趣爱好,也可以包括专业能力。它可以是读书、画画,也可以是健身运动,还可以是美妆护肤、穿衣搭配……不要低估自己的任何一项爱好,说不定它就是下一个完美商机和创业契机。

（3）挖掘自己擅长的知识和兴趣爱好之后，要寻找二者之间的有趣组合方式。比如，一个人的兴趣爱好是旅行、运动，擅长的是写作，那么二者的有趣组合方式就是"旅行／运动＋新媒体写作"或者是把旅行见闻或运动心得写成可传播的文字，把自己打造成旅游或运动博主。

（4）思考一下自己做出来的内容怎么可以做到与众不同。如何在自己喜欢且擅长的领域脱颖而出？必须要将自己与市面上已有的内容区分开来，打造差异化的形象，或者聚焦更细分的领域。

内心强大不被情绪控制

情绪管理是指通过研究个体和群体对自身情绪和他人情绪的认识、协调、引导、互动和控制，充分挖掘和培植个体和群体的情绪智商、培养驾驭情绪的能力，从而确保个体和群体保持良好的情绪状态，并由此产生良好的管理效果。简单来说，情绪本质上是我们应对环境的一种反应，而管理就是为了取得一定的成果而采用某种手段。说得更好理解些就是：当外在环境刺激你的内心某个反应点的时候，你能够意识到自己要发怒、发火、发飙的时候，能下意识地去调整和解决，不让那个刺激点爆发。这就是情绪管理。

很多女性本应该是幸福、快乐的，但大部分受制于情绪所困，才让自己变成了易怒、善变、抱怨甚至走向抑郁的泥潭。

情绪管理是每个人都要努力去学习和提升的，情绪觉醒是一种智慧，也是为人处世的态度和方法。就像亚里士多德所言：

女性的自驱型成长

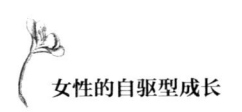

"任何人都会生气,这没什么难的,但要能适时适所,以适当方式对适当的对象恰如其分地生气,可就难上加难。"

有一位女士这样描述自己:我是一个很容易发脾气的人,情绪易怒就像全世界都欠我的,在老公面前很爱发脾气,处处挑他的毛病,他不管做什么我都能说出点毛病来,用恶劣的字眼挖苦他,刚结婚的时候几乎天天吵架,而且每次吵架不管什么原因,我都会归结到他的身上。

到现在,孩子5岁了,他好像习惯了,吵架也少了,但是我还一如既往地指责他,我觉得我们生活习惯大不相同,谈话交流很成问题。我发现我的问题是从小时候就存在的,我很内向,不善交流,上学的时候,从小学到大学一个知心朋友都没有,同宿舍的人,时间长了我也会各种看不惯,老是因为别人一丁点的小事情就生气。我现在的婚姻生活不如意,我对我的孩子也时常大喊大叫,我觉得继续这样下去我会毁了自己的婚姻、自己的家庭。

无法好好控制情绪的人,就像这个女士一样,会把自己和生活搞得一团糟。一个真正成长的女性,不是能够驾驭千军万马,恰恰是能够正确处理自己的情绪。

有一位阿姨,因为突发脑中风,从生死线上走了一遭,下了手术台之后像变了个人似的，不再动不动就操心生气，也不再因为一点点小事就郁闷，见谁都笑呵呵的，偶尔碰见什么纠纷，还帮劝着别人想开点儿。人们见到她，不管多远就笑着打招呼。人们问其身体怎么样，阿姨笑着说："好着呢，最主要是现在心态好，啥事儿也不生气，就觉得这日子特别顺心。人要是总想不开，得一场病就想开了，总觉得别人给自己添堵去看看医院的状态就明白了。"

但凡脾气好的人，大多数都会感到幸福和知足。想拥有一个幸福快乐的人生，那么你就必须控制好自己的脾气，调节好自己的情绪，好脾气带来好福气，人生才会好。用积极健康的心态去对待人生，迎来属于自己的幸福。

管理情绪要从以两方面入手：

（1）**要反思、剖析自己**。一般人有情绪都会向身边最亲近的人发泄，家人或最亲的人因为爱的缘故，原谅了你的暴躁，接纳了你的坏情绪，自己舔平了伤口罢了。可这不是三番两次发脾气的理由，反而应该让自己变得更好一点，善待这些爱自己的人。

（2）**调理身体**。要让自己的肝火降下来，肝胆没有了火毒，人自然会变得平和。很多时候，坏情绪是源于太累了。

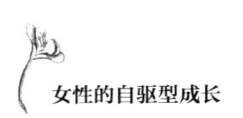

拒绝拖延症

在心理学上，拖延症是一种生命动力不足的表现。患有拖延症的人，往往表现出间歇性的懒惰打败了计划，总是想着还有时间，但等到别人一催又会产生很大的压力。又或者太期待一个结果，害怕失败而焦虑。等到把全部精力想去全力以赴做一件事的时候，又发现不如那些最开始就很有计划和准备的人。很多人都陷入拖延的怪圈里，对生活逐渐失去掌控感。

在生活中，越来越多的人有拖延症，执行力达不到预期的效果，这是一个很普遍的现象。

比如，我一会儿要去看书，可是拖来拖去也没去看书，等到最后连书的一页也没有翻过；我明天要开始减肥，少吃饭，多运动。可是，为什么要明天开始呢？现在就开始不好吗？

人是趋利避害的生物，我们每个人的身体里大概都住着一个懒惰小孩儿吧。一边想奋发图强，一边想快乐躺平；一边喊着积极向上，一边希望随遇而安。犹如两个分裂的自己，时常在内心里斗争。

蔡康永说过这么一段话：15岁觉得游泳难，放弃游泳，到18岁遇到一个你喜欢的人约你去游泳，你只好说"我不会耶"。18岁觉得英文难，放弃英文，28岁出现一个很棒但要会英文的工作，你只好说"我不会耶"。人生前期越嫌麻烦，越懒得学，后来就越可能错过让你动心的人和事，错过新风景。这就是拖延付出的代价。

拖延症最典型的行为就是：今天的事情拖到明天做，不能及时完成。拖延总是表现在各种小事上，但日积月累，会影响个人的工作和生活状态，以致形成心理问题。当拖延症已经影响到情绪，如出现强烈自责情绪、强烈负罪感；由于不能完成工作而导致心理压力、产生焦虑、影响人际关系，并会由此产生自我否定、自我贬低，伴生出焦虑症、抑郁症、强迫症等心理疾病，此时就是真正的"拖延症患者"了。

真正不拖延的人，往往是那些能够非常好地控制自己时间的人。人的生命其实就是由每一天组成的，能够做到每天过得好，其实就是好的人生。

控制时间，我能想到最好的方法是不再拖延。试着想想，我们的日常生活中有多少事情是被拖延症毁掉的呢？因为出门拖拖拉拉，导致没赶上火车；因为拖延，那些原本想要做成的事情、完成的梦想，现在是不是还躺在抽屉里？

尽快完成工作，早点下班；有约会的时候提前起床准备；想要做的事情，每天抽出一点时间来做，如果我们都能在规定时间里做好该做的事情，生活会美好许多。

控制得了自己的时间，也就控制了自己的人生。时间有限，能够抓住时间的人，才能掌控自己的命运。遇事不拖延，就是让自己今日事今日毕。事情有轻重缓急之分，但不管哪个在先，哪个在后，都需要动手去做，才能有收获。一个遇事不拖延的人，往往舍得对自己"狠心"，在比常人更有效地利用时间的过程中，她们也渐渐拉开了自己和普通人的差距。

自我价值来自持续学习

生命在不断地发展，无论小孩子在成长还是成人需要继续成长，都离不开学习。如果一个人坚持学习，他就可以保持一种发展的趋势，就可以让自己更具有生命力。相反，如果停止学习，不仅得不到发展，还会倒退，所谓的"学如逆水行舟，不进则退"就是这个道理。

大部分人也许没有令自己骄傲的学历，但可以持续不断地学习。学历代表的是过去的学习成果，学习力才能代表未来。屠呦呦获奖时发表感言："不要追一匹马，你用追马的时间去种草，待春暖花开的时候，能吸引一批骏马来供你选择。"

这个时代没有终身的职业，只有终身的学习。越优秀的人，越懂得拥有学习力的重要性，持续的学习就是不断为自己增值的过程。今天我们处于什么样的位置，有什么样的心态并不重要，重要的是未来的几年里，你会用什么样的方式实现迭代成长。那

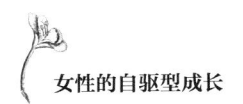

些能掌控自己人生的人，无不是拥有学习力在自己的赛道中越跑越远的人。

有三种女人特别让人欣赏，一种是自己持续学习并带动自己的家人一起学习，这样的女人往往眼界宽，心胸也宽广，遇事不会斤斤计较，更不会钻牛角尖，因为学的东西多思维活跃，总会换个角度看问题。另一种是因为自己学习思维提升了，能够用更加成熟的思维看待自己的伴侣，比如一个财商思维强的女性，就能够理解自己老公在外面打拼的艰辛，会产生更多的同理心。最后一种是因为学习力强，拓宽的领域也多，能够自己开创事业，投资自己进行更大的财富积累。

但凡拥有学习力的女性，她们同时具备三种能力：

第一种能力是开放的认知风格。她们愿意接受外在的一切信息，尤其是那些自己不理解的信息。不具备学习力的人听到自己不理解的信息会选择不接受，认为别人的意见跟自己没关系，而具有开放的认知风格的人，往往会觉得自己不知道的东西多，会用更加开放和接纳的态度去接触未知的领域和学习更多的知识。当你不断地接触一些未知的东西的时候，才会发现"我啥都不知道"，而一个觉得自己啥都不知道的人，往往是高人。

第二种能力是谦虚的美德。很多人觉得自己很谦虚，但善于学习的往往会让别人觉得你很谦虚，而不是自己说谦虚。比如在与人沟通的时候，不轻易打断别人说话就是一种非常谦虚的表现。别人说话不打断，这个太难了，因为女性的表达能力都很强，所以很容易打断别人，如果打断别人，给别人的感觉就是不谦虚。

第三种能力是不会轻易否定别人。那些拥有知识和能力的人，往往能够从与别人的不同之处学习到自己不具备的东西，如果别人一开口说什么你就认为不对，证明没有格局和胸怀。对于自己不知道的、不了解的不能轻易否定，大海之所以能够容纳百川，就是我不否定你，我会接纳你。

在这个充满变数的时代，每个人都必须具备超强的学习力才能不断使自己增值。

在电影《女王的教育》里有一句经典台词：如果有活到老学到老的想法，那就有无限的可能性。

持续学习，会让一个女人知识更加丰富，眼界更加开阔，内心更加坚定，能力更加出众。

所以，作为女人，如果你想要永葆青春魅力，就需要保持学习的习惯，要知道现在家庭理财，子女教育，工作等，无一处是不需要知识的。比如，成功的理财不仅仅是保持家庭的收支平衡，懂得合理的安排家庭生活开支，而是要尽可能地使家庭的收入最大化，使家庭收入得到合理的分配，最大限度地满足家庭生活，并在此基础上做到让钱生钱，如果没有足够的理财知识，就很有可能屡屡碰壁。再如世界上任何职业都需要职业资格，而为人父母却没有这样的要求，事实上这却是最需要职业资格的"职业"，现在很多家庭都只有一个孩子，再加上越来越激烈的竞争，

女性的自驱型成长

以前那种"添个孩子不过是添双筷子"的养育模式已经成为过去，女人们只有坚持学习才能成为一个合格的母亲，培养出思维活跃，聪明伶俐，健康成长的孩子。尤其那些职业女性，更需要不断充电，掌握足够的、最新的职业技能，否则你很有可能在竞争中败下阵来。

女性的自我价值来自持续的学习力。学习力不是护肤品，却会使人颜值常驻；学习力不是翅膀，却会让人自由飞翔。学习力不是灵丹妙药，却会让人拥有更好的人生状态。愿每个拥有学习力的女子，不断提升自己，实现自我价值，人生状态会越来越好。

自控力是衡量成长的标尺

人们常常羡慕那些很有行动力并且可以长期坚持的人，认为他们的钢铁意志简直就是天赋异禀，同时感叹自己为啥就成了意志上的失败者。

自控力虽然很稀缺，但心理学告诉我们，这种不屈和强悍更多地是因为创建了一条宽广、坚固的神经通道，这条神经通道一旦修整完毕，所有的坚持和不屈，已经实现了自动化，只需耗费极少或者完全无须耗费宝贵的自制资源，即可维持运转。好钢要用在刀刃上，宝贵的自制力资源，我们也要把它用在一项项好的习惯、一个个真正有价值的项目启动阶段。因为能够实现自我控制的人，往往是在培养习惯，通过习惯建立强大的神经通道。

20世纪60年代，斯坦福大学曾做过一个著名的棉花糖实验。研究人员找来一群4岁的孩子，给他们每人一块棉花糖，并且告诉孩子，"如果现在不吃掉这块棉花糖，15分钟后等我回来，会再给你一块棉花糖。"

研究人员离开房间后，有些孩子马上就吃掉了棉花糖，有些却通过各种方式转移自己的注意力，忍住没有吃糖。通过十几年的追踪研究，心理学家发现，没有马上吃掉棉花糖的孩子，长大后有更强的竞争力和自信心，能更好地面对挫折，不管是在人际关系方面还是在学业成就方面，都比马上吃掉糖的孩子更成功。

我们不讨论这个案例的科学性和最终拥有自控力的孩子究竟有多成功，但我们不难看出，自控力的确是重要能力，不是谁都能拥有这个能力。不要说三四岁的小孩子尚且不太具备，即使是成人真正拥有自控力的也不是很多。所以，拥有自控力是衡量我们是否成长、成熟的标尺。

"管得住自己"，就是有足够的自控力推动自己做该做的事，并阻止自己做不该做的事。自控力可以使我们足够理智地去抵御生活的种种诱惑，可以使迷茫中的我们正确地规划自己的人生，实现自己的奋斗目标，可以使我们的人生获得稳定前进的动力。如果不想庸碌一生，想要有一番作为，管住自己至关重要。

自控力是通过自己要求自己，变被动为主动，自觉约束自己的一言一行。

但现实生活中，很多人都难以自控，比如，说好要坚持晨跑的，没坚持几天便中途夭折了；说好要每天读一小时书，没看几天就索然无味了。说好要靠着自己赚钱买一辆车的，三分钟热度过后就冷却了。

因为自控力不强，对待事情总是只有三分钟的热情，很多事情半途而废。以前信誓旦旦的承诺和目标在事后往往只是过往云烟，接着还是一如既往地随心所欲，每当想起以前的目标一个个都没实现的时候又会懊恼不已。

大多数情况下，我们都是想得太多，做得太少。不是订了计划执行不了，就是原本没有计划，导致我们一天天得过且过。

一个人的自控能力越强，才越有可能接近成功和幸福。做一个寡言却心有一片海的人，宽于别人，严于律己，才能活出平和自在。

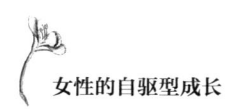

努力做一个靠谱的人

以前总以为对一个人最高的评价应该是聪明，后来才知道对一个人最高的评价是靠谱。

靠谱的人，就是说话算数，信守承诺的人。

靠谱的人，就是做人可靠，值得信任的人。

靠谱的人，就是不用戒备，相处愉悦的人。

靠谱的人，就是品德高尚，让人坦然的人。

靠谱的人，说的不是抖机灵、聪明的人，也不是实力很强的人，而是能及时反馈的人。当别人让我们帮忙做一件事情的时候，如果没法帮到，那要直接说出来。当然，即使是能做到的事情，也不要把话说得太满。特别是对我们来说很重要的人，答应的事情，一定要做到。如果到时真做不到，也要提前告诉对方，让人家有个准备。我们平时的一言一行，都是承诺。所以，说话时不要把话说得太满。

靠谱本来应该是做人做事的基本，但现在倒成了一个稀缺的品质，靠谱就是"凡事有交代、件件有着落、事事有回应"。一句话总结就是：让人放心。

要想成为一个靠谱的人，平时就要有意识地进行学习和提升。

首先，努力提升自己解决问题的能力。 无论是职场还是家庭，要想让别人对你放心，尤其是在工作中，你一定要具备解决问题的能力。而想要拥有这样的超能力，你就得不断地提升自己，强大自己，甚至要针对某方面刻意练习，以提升自己解决问题的能力。一个人越有真本事，就越容易让人有安全感，这样的道理，相信是不难理解的。而这样的人，往往也是会被优待的。

其次，修为自己的人品和三观。 真正想让一个人对你彻底放心，你就需要有足够过硬的人品，这才是一个人行走江湖最好的通行证。如果说，一个人能力很强，但人品有问题，别人不仅不会对他放心，反而会更加地不放心，因为这样的人一旦坏起来，那破坏力往往是很大的，是很难承受的。所以说，人品很重要，这往往比能力更为重要，因为能力差可以培养，人品有问题，那就难说了。

最后，重视做事的原则和底线。 靠谱的人往往是在做事和做人两方面被人认可的，不管是做事还是做人，一个让人感到放心的人，他们身上都有一种很珍贵的特质，那就是有责任感。而这

女性的自驱型成长

也左右着一个人是否能成为那种让人放心的人。从做事的角度讲，有责任感往往才能将事情做好，有责任感的驱动，才会真正有强大的执行力，有主动学习的能力，有认真的态度，不敷衍了事。从做人的角度讲，有责任感的人大多都能坚守做人的原则和底线，而这足以捍卫一个人的人品。

戒掉空虚的"购物狂"状态

女人的消费能力要匹配自己赚钱的能力,人前光鲜人后狼狈的消费习惯,其实是源于内在深深的自卑感,也是空虚的心理表现。

生活中常有一些女人,心情不好或心情正好的时候都会选择疯狂购物,购物行为可能产生短暂的快感或陶醉,而一旦形成了习惯,便会成瘾,导致"贪购症"。

大多数"购物狂",起初都是为了平衡一下情绪,而后逐渐变为了习惯性的行为。放纵欲望,或者因为种种压力而逃避到欲望里,这也是形成贪购症的一个心理原因。

女性购物往往不是出自对物品的真正需求,而是更偏向情绪化消费。这样的消费有时会带偏女性思维,即在某种特定的情绪下引发错觉,进而产生不必要的消费行为。

不少研究认为,缺爱的人喜欢乱花钱,内心缺乏安全感的人

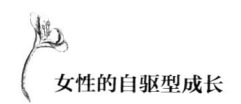

喜欢不断买买买，想要从物质里获取快乐，以此来麻痹自己。

28岁的李小姐收入不太高，一个月的薪水刚够生活，但她却是一个典型的购物狂。她每个星期都有一天要大包小包买上若干件衣服回家，尽管很多衣服她都不缺，甚至标签都不拆。她只是为了找到那种买衣服的"过瘾"感觉。她自己也不知道自己是怎么回事。她说，赚钱就是想让自己活得舒服，这种看似变态的购物能使她心情愉快。

每次去购物的时候，导购小姐都以为她是个有钱人，李小姐也愿意沉浸在这种虚幻中自得其乐，但每个月她的信用卡都严重透支，最后导致连一些日常用品也买不起了。与她交往多年的男友因为不能忍受她的购物欲而提出分手。再后来，她30岁的年龄却过起了啃老的生活。整个人过得苦不堪言，最后还得了轻度抑郁症，不得不求助心理医生。

"购物狂"这个词近年来屡见报端，购物狂有哪些心理特征，因购物成瘾导致负债累累，沦为"卡奴"的人更是屡见不鲜。这些人的购物行为已经远远超过了正常的过度消费，而是一种病态性的购买行为。心理学家分析说：如果一个人不是因为需要某些商品而疯狂购物，就可能是得了一种病态的心理疾病。他们经常完全不假思索地购买各种物品，不买心里便很难受，买了之后却又后悔。这种现象在女性中常见，但男性也会有这些行为。他们所购买的商品大多与外形有关，如衣服、饰品、食品等。

一个真正成长、内心坚定充实的人是不会通过外在的物质来填补内在空虚的。

有一个90后的女孩，她自从大学毕业参加工作以后就勤勤恳恳赚钱、攒钱，用五年的时间实现了自己的第一个目标，那就是在省会城市按揭买了一套80平方米的房子，实现了自己有房住并独立还贷款的梦想。然后新家的装修她追寻的是简约不简单，能自己手动的地方全部DIY，多余的东西都不考虑，最后她活成了很多人羡慕的状态：低消费、低欲望，简单即美好的生活。家里除了靠在一面墙上的书是最奢侈的东西之外，她一年只有三套衣服，常年背一个自己手工做的帆布包。每天不受物欲控制的生活清爽又自由，除了每天一日三餐自己动手之外，大部分时间都用来学习和阅读。她的低消费生活引起了很多人的关注，并邀请她上节目，用她的故事倡导大家低碳绿色环保的生活。用这个女孩的话说："因为内心非常充实，没有任何匮乏感，所以觉得生活不需要太多的东西。"低消费让她找回了更纯粹的自己。

目前，我们生活在一个物质极其丰富的社会，各种各样的物品、物件随处可见，购物的途径也是便利到了"只有想不到，没有买不到"。于是，每个家庭呈现的状态不是物品缺乏，而是物品太多无处放，于是不断更换大房子，依然觉得不够用，不够住。无用的物品太多，让人失去了空间。

　　人们都以为拥有很多物品能给人安心的感觉，更容易感受到幸福快乐。实际上并不能，而恰恰是这些多余的并没有什么用的物品让人在无形中产生了很多不好的情绪，无法发现真实的自我。不要觉得物品有用就去买去收藏，而是自己要用再买。这样做既可以勤俭节约，也能让物品更好地发挥它自身的价值。

　　做一个成长性的女性，要降低物欲，提升对物品的鉴赏和购买能力，既买对的也买贵的，把物品精减。同样的物品，保留一到两个最好用的、质量最好的，其他都不能买或已经买了就舍掉。日久天长，这种断舍离的习惯会让人受益无穷。

在职场上向前一步

近几年，女性力量被频频提及，职场上，敢于"向前一步"的女性越来越多，她们如同刚柔并济的水，有润物细无声的柔软，也有滴水穿石的韧劲。与此同时，社会对于女性的刻板印象和女性的自我设限也真实存在，成为幸福路上的绊脚石。

学术界有两个现象，一个被称为"彼德原理"，指通常一个男性会逐步晋升到其不再适合的位置上，然后就停在这个位置不再前进。与之对应的是"宝拉原理"，指一个女性通常会被黏在某一层上面，无法获得进一步晋升，被黏住的女性通常都具备比这一层平均水平更高的能力。这说明什么？男性的晋升空间天花板是因为自身的能力问题，而女性晋升的天花板则是性别。

女性明明有着良好的工作能力，但却在发展的路上止步于工作态度。从对职业发展的态度来看，"期望成功但有所顾虑"和

女性的自驱型成长

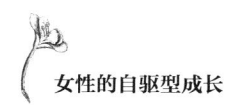

"做好当前的工作就好,没有太远大的目标"这两种态度出现在女性身上的比例更高。由此可以观察到男性在职场中更愿意冒风险,而女性会更谨慎,这成为导致职场性别差异问题的原因之一。

有位年轻有能力的女性,因为结婚生子,拒绝了一家大公司给出的职位。她觉得大公司好是好,可担子更重了,可能会加班,会熬夜,没有办法抽出更多的时间陪孩子,因此失掉了大好的机会。母亲、妻子、女儿,这些标签让她以为,要想同时兼顾工作和家庭是不可能的,想做好其中一项,就必然会放弃另外一项。所以,她不得不隐藏自己对事业的追求,不得不做出选择。于是,她放弃自己心爱的工作,做大家眼中的贤妻良母。然而,当她放弃本该发展得更好的工作,全身心地投入到家庭生活中后,琐碎单调的生活让她越来越感到乏味,她反而怀念起工作时,紧张而忙碌的日子。

所以,成长的女性要明白家庭和事业同样重要,如果非要排个序,事业应该放在首位。不要太在意别人的期待,不要企图取悦所有人,而要找到内心对自己的真正期待,然后问问自己:如果没有恐惧,我会做什么?然后,放手去做,向前一步,什么时候都不晚。

尤其在大学毕业到怀孕生子之前,这个阶段女性一定要抓住机会,在职场上崭露头角,努力去做出成绩。

有一个叫钱永静的女孩,她的故事值得女性朋友们借鉴:

她最初是一名空姐,用了9个月的时间就当上了乘务长,那时她还不到21岁。当同事们每周飞完倒时差的4天以后,大部分都选择各自的放松方法,有的在补觉,有的在买包包和漂亮的衣服犒劳自己。唯独她会拿出两天的时间去学习和提升自己,因为她一直想在职场上有所提升,不想只当一个空姐。她把自己的工资攒下来,花9800元去报了一个营销课程。当时上课的时候,同去学习的人都有自己主营的项目,而她却在别人调侃"她主营飞机"的玩笑中十分尴尬。就像是一个不知道要卖什么的人去学习营销课,在多数人眼里看起来像个笑话。可是她放下了一切外在的声音和质疑甚至不看好,爱上了那种学习的氛围。但回到航空公司以后,师傅不理解她,尤其听说是她花了将近一万元报的营销课程,就对她说:"你学了营销是要把咱们飞机公司的保税产品卖光吗?还是你想卖什么呢?记住,我们只是空姐,请踏踏实实好好干活,不要一天到晚想东想西。"听了师傅的话,钱永静在内心燃起一股斗志,她在想"凭什么空姐只能是空姐,在吃完青春饭以后就只能被淘汰?"带着这样的不服输,她开始了继续学习。过了一段时间乘务长又找她谈话:"你学营销课程,是不是想当领导?如果想当,那把我身上这身衣服你穿上不就行了?"虽然这话听着不太令人舒服,但钱永静觉得这的确是一个学习的契机,于是她有意无意地开始跟在乘务长后面,学习一些航行过程中如何

女性的自驱型成长

处理突发状况和旅客的知识。每次旅客让空姐"去把你们乘务长叫来"的时候,她总是跟在乘务长后面乖乖听着,有时候遇到说话难听的旅客她也默默忍受着被骂。就这样,她一天天进步,并且默默地背诵乘务长守则和工作职责的内容。等到公司又开始全面招聘乘务长的时候,她跟领导说自己想试一试考试,想看看自己欠缺什么。于是软磨硬泡下,领导同意了她的请求,她开始在电脑上答题。毫无悬念地,她考了100分。判分的领导认为是不可能的事情,有史以来乘务长考试还没有人得过满分,于是把试卷打印下来纸面重考了一回,两个监考领导一起判分,依然是满分。就这样,她因为这个考试出了名,人人都想看看这个"奇葩小女生"到底是谁。就这样,不到一年的时间,只有21岁的钱永静成了乘务长。虽然当了领导以后遇到各种各样的压力,但她从来没有放弃学习。她有一个信念,总认为女性无论是在职场还是在家庭,都可以做到能力范围内的最优。于是,她又开始学习关系沟通学、心理学,提升自己应对客户投诉的能力。就这样,她在自己的职业生涯上成就了自己。

永远相信,女性是有力量的,这种力量是看不见的独立,性格的坚韧,女性的爱、女性的包容……这样一些女性的特质,所给予我们这个社会看不见的影响,我觉得这个力量不可忽视,我们可以想象,如果社会没有女性,我们社会的气息、我们社会的气质、我们社会的整个风格就会完全不一样。女性的这种内在精神的特质，其实是赋予人类、赋予世界、赋予整个社会的一个非常重要的美丽因素。女性最伟大的东西就在于包容，我想一个有包容的社会、一个有爱的社会、一个开阔的社会、一个敞开的社会，那一定是一个更好的社会，女性的存在本身就是力量。

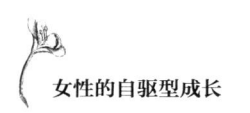

正确处理家庭与亲密关系

我们每个人都生活在各样的关系中，和朋友的关系，和同事的关系，和父母的关系，和孩子的关系……其中对我们最重要的一种，被称作"亲密关系"，那就是由婚姻缔结而成的夫妻关系。但可惜的是，很少有人能真正获得良好的亲密关系，更多的人在不断排斥、撕裂、破坏这种关系，使原本相爱的人没有收获"亲密与爱"，反而越走越远。

什么是亲密关系呢？心理学上认为，只有当两个人之间互相影响与依赖的时候，我们才能认定他们之间存在着关系。心理学流派当中的一个分支，也被称作亲密关系心理学，本意是指不限性别年龄的两人之间和谐融洽的关系，现在大多指夫妻。

亲密关系心理学研究表明，当我们有了最亲的人时，我们可以更好地面对生活中的压力，因为亲密他人可以为我们提

第4章 保持上进心，活出别样人生

供社会支持。亲密关系的建立，会随着年龄的变化而改变。比如，从我们出生开始，父母便是最亲近的人；走进婚姻以后，伴侣便成了最亲密的人；有了孩子以后，孩子也成了最亲密的人。

亲密关系的建立会扩大我们的自我概念，将我们从独立的个体延伸到小家庭中，互相扶持，给予关心与爱护，帮助我们更好地适应社会，这是具有生物进化发展意义的。

男大当婚，女大当嫁，似乎走进婚姻才是一个人成熟的标志，是一个人的归宿。事实上，走进婚姻是一个人新的起点。脱离父母的原生家庭去重新建立一种全新的关系，开始走向一段未知的旅途去跋涉，也许这个旅途中风景优美令人赏心悦目，也许这个旅途中充满狂风暴雨。开始对自己以及对另一半有了不同的认识和理解，也许能够互相滋养共同成长，也许也不能避免互相消耗共同挫败。这意味着婚姻不是归宿，只有在婚姻中感受到爱、美好与幸福才能算作归宿。要不然，为什么有人感叹"婚姻是爱情的坟墓""伴侣是自由的枷锁"呢？

每个人都有好多次成长与完善，在父母营造的原生家庭中是第一次成长，带着父母的教育模式渐渐形成了自己的价值观。随着进入婚姻以后，有了新的人际关系和角色扮演。在家庭层面每个人开始找到新的归属感、安全感以及建立了对生命延续的使命感；在个人层面，一个女性要和一个原本陌生的人生活在一起，这个人她并不了解，需要带着很多未知去磨合。往往在缔结婚姻的最初，无论是男人还是女人，最多想的都是婚姻可以给自己带来什么好处，并不会把"完善自己"放在首位。其实，无论婚姻中能给人带来多少好处，前提都是要完善自己，如果自己不成熟、不成长，又如何去影响另一半变得更好？如果两个都变得自私，又如何能够收获美好婚姻呢？当然，人的本质都是自私的。但婚姻的绝妙之处就在于把两个"自私"的人放在一起互相制约与磨合，最后两个人变得相对来讲不那么自私了。

每一桩婚姻都会朝两种结果发展，要么是双方共同成长彼此督促，要么相互贬损彼此受挫。男人希望自己娶到的女人像小公主，漂亮依人还不发脾气，女人希望男人顶天立地能赚钱又顾家还只爱自己一个人，但往往太过要求对方反而适得其反。要求对方是自私的，如果帮助对方成为那样的人就会站在对方的角度去考虑问题，那样无形中也是在完善自己。

好的夫妻关系不是谁迁就谁，谁服从谁或谁压制谁，而是在不断相处的过程中先完善自己，然后和对方一起成长。

所以，一个成长型的女性在处理家庭关系和亲密关系的过程中，会经由自己改变去带动别人改变，然后达到亲密关系的和谐。

亲密关系是一面镜子，在伴侣身上有一面镜子，你在这面镜子里照出你自己的样子，也许一个人看到的是配偶不理解你，不体贴你，不包容你的各种情绪，岂不知道正是你自己让对方变成

第4章 保持上进心，活出别样人生

了这样。

小仪与前夫离婚快三年了，近三年的时间里她一直都对前夫耿耿于怀，认为是命运不公让她遇到了一个渣男，才导致自己美好的青春都浪费在不值得的人身上。为了惩罚前夫对自己的伤害，小仪不但承担了离婚后孩子的主要抚养权，而且拒绝前夫对孩子的任何探视。即使孩子偶尔会提到爸爸，小仪也会以各种理由向孩子灌输"爸爸不存在""爸爸是坏人"这样的理念。直到有一天，孩子因为在学校里与其他同学发生肢体冲突，小仪才意识到问题的严重性。原因是儿子在自己的班级里打了别的同学，孩子们一起讨论起各自爸爸的时候，唯独自己的儿子不说话，有个同学对儿子开玩笑说"他一定没有爸爸，所以从来没有看到爸爸来学校接他"。于是，儿子向同学的脸上挥了拳头。小仪与儿子沟通的时候，发现孩子并不积极，而且问自己的妈妈："我的爸爸难道真的就那么不像话吗？"

小仪开始思考，是不是自己错了？于是她去做心理咨询。她在咨询师面前很坦诚，说自己总是过不去与前夫的这道坎，总认为婚姻没有走下去，前夫负主要责任，孩子内心的孤独和痛苦也是前夫的错。

最后在心理咨询师的引导下，才慢慢打开心门。

我们与所有人的关系的最根源处，都是与自己的关系，解决了与自己的关系也就解决了我们与所有人的关系。我们与自己和解，才能与别人和解，与自己和解的方式就是打开自己的心。

大部分人认为是别人的行为让自己痛苦的，从来没有想过这种痛苦实际是自己加给自己的。一种痛苦其实不是别人不爱你，而是你自己不爱自己。因为自己没有爱，所以会向别人索取，当感觉不到有爱的时候，就会更多地去索取，索取不到就会痛苦。如此恶性循环。唯一的方法是不要向别人要爱，而要自己本身成为爱。

这就是正确处理家庭和亲密关系的不二法门。

不把自己的脚伸进别人的鞋里

心理学上认为，人们在认知世界时，通常是以自我为中心的。因此，许多人在价值观形成初期，总是会有莫名的优越感。具体的行为表现就是，他们固执地以为只有自己所做的事情，所追求的梦想是有价值的，而别人所做的事情是没有价值的。基于这种刻板认知，有些人就本能地对他人指手画脚。一方面，他们对别人指手画脚是为了体现自己在价值观方面的优越感；另一方面，他们对自己的价值观不够确信，只能通过否定他人的价值来提升对自我价值的确信。无论从哪一方面讲，这类人的价值观都是不够成熟的。用一句话概括就是：喜欢把自己的脚伸进别人的鞋里。

真正成熟又具备成长思维的人，只会管好自己而不会对别人指手画脚。

现在越来越觉得，无论是父母还是姐妹兄弟之间，甚至还有

女性的自驱型成长

朋友之间,当你看不惯别人的生活方式或状态时,只能选择看一看、听一听,然后闭嘴。因为,毕竟那是别人的生活,跟自己无关,即使有点儿关系,谁也没有权力对别人的生活指手画脚,更无权干涉。

有这样一则故事:

两个人来到一块田地旁,看到一位老农正从很远的河里挑水来灌溉,而附近就有几口水井。一个人说:"真是愚蠢呀,明明有更省力的方法却不用。"这时,老农过来,坐在田边休息,对他们说:"别看我现在累,若是把井水用完了,等旱季来了,庄稼可就遭殃了。"两人听后,很是佩服老农的远见,同时也对自己的话惭愧不已。

天地广阔无垠,一个人能看到的、知道的,始终是有限的。若总是站在自己的角度去定义他人的言行,很可能只会体现出自己的浅薄。

每个人的生活都是独一无二的,谁都没有资历去教别人怎么生活,管好自己,活在当下。有些话放在心里就好!

有一个人,他刚搬到一个地方的时候,总是看不惯自己的邻居,认为她不顾家不爱孩子,衣服穿得皱巴巴的,平时沉默寡言,见人也不爱打招呼。可是等到他完全了解了这个人以后才发现自己的肤浅。在他眼里这么不太友好的邻居是个清洁工，早出晚归不说，还用自己勤劳的双手供养出两个大学生，而且还资助了一个残疾孩子，是当地雷锋救援队的一员。

所以，任何时候都不要对别人指手画脚，因为我们第一不了解别人，第二也不一定比别人高，越是那种比别人有智慧的人，越不干涉和在意别人的生活，反而能够默默过好自己的人生。每一个成年人，都拥有独立思考、判断是非的能力。所以除非是别人主动寻求帮助，要不然真的不需要在别人的生活中指手画脚，哪怕是出于好心。

对待别人最好的状态，大概就是了解彼此不同的喜好，但又尊重彼此的选择。我们都是这世上独立而不同的个体，有着各自不同的兴趣爱好、观点看法，因为包容和尊重，这世上才有了关怀的温度，以及来自朋友的温暖。追求一种境界：君子，本就是和而不同。我们的成长是要走自己路，而不是要干涉别人的生活。

能理解每一个人与自己不同，能悦纳"众生皆不同，天下无左右"，用最诚挚、最善良的模样，行走于这多彩的人世间。

第5章

提升自控力，做好情绪管理

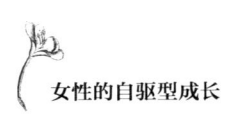

不在愤怒的时候做决定

《李叔同法语录》中有一句话：盛喜中，勿许人物；盛怒中，勿答人书。喜时之言多失信；怒时之言多失体。

不要在最快乐时候做出承诺，不要在生气的时候做决定。

为什么很多人在情绪化的时候就像变了一个人？

为什么一怒之下做的决定，大多会后悔？

情绪之下，不只会改变我们的行为和语言，更会影响我们的思维模式，让我们做出更不理性的决定。

研究表明，情绪能直接左右我们的记忆和想象空间。

你一定有这样的体验，和家人吵架，你想起的都是之前关系不好的片段；高兴时，你想起的又是一些和对方共同度过的美好时光。

在一段长期的关系中，我们有无数记忆可以提取，但是大脑却自动选取了那些和当下的情绪状态联系最为紧密的记忆片段。

这就说明，情绪体验造就了身体和心理状态，身心状态为记忆营造了氛围，而记忆又直接影响我们那一刻的思考方式，以及我们所做出的决策。

看过一个博主求助，自己在单身的时候总会对未来感到巨大的恐惧，害怕一个人，不知道何去何从。

不管是一厢情愿，还是两情相悦，她总会在极短的时间喜欢上其他人，好像必须让自己的情感有个寄托，才能稍稍安心。

结果就是，每一段感情都匆匆开始、匆匆结束。

为什么很多人在分手之后会迅速爱上其他人？

重要的原因就是极端的情绪会对思考过程造成困扰，刚刚经历了失恋的人，一开始会呈现麻木或困惑的状态，他们的大脑正尝试着消化这一改变。

接下来，他们要接受丧失的痛苦。

这种痛苦中包含告别的悲伤、对未来的恐惧，甚至还有被抛弃的愤怒。

复杂的情绪之下，大脑只能做最简单的思考，此时能够给他安慰和关心的人，是暂时的依赖，还是有爱情萌发？

情绪不只影响人们的行为，也会左右人们如何解读他人的话语和行为。

焦虑时，我们会进入一种对挑战相当戒备的状态，这时候，我们更倾向于把他人的话语理解成一种潜在的攻击或批评。

愤怒时，我们会特别着急去寻求愤怒的其他来源，愤怒的情

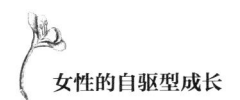

绪"启动了"思维活动，于是易怒的状态影响了人们对新的信息或者想法如何做出反馈。

人们往往是无法进行理性思考的。

方法一

有经验的老师都知道，当学生的状态是放松并且开心的时候，也是他们思维最清晰的时候，这时候的学习效果也最好。

心理学家把这种状态称为"认知放松"，一种放松、满足且有能力感的状态，以至于身在此状态中的人们，常常认为自己的思考过程是直接且毫无困难的。

情绪无法消解时，我们给自己最好的支持就是不要思考任何复杂的问题，只做那些不会带来任何麻烦的事情。

沏一杯茶、做一餐饭、收拾旧物、打扫房间……所有这些简单的行动都会给情绪化的人带来莫大的帮助。

慢慢地，他们可以重新掌控自己的生活，无论多么深刻的情绪，终会有冷降下来的那一天。

方法二

有三个照顾自己的小技巧，会让情绪消散得更快、更平稳。

一是养成良好的睡眠习惯。

制定规律的睡眠时间开始，为自己建立稳定的睡眠周期。

长期坚持，大脑中就会形成一种暗示，生物钟会自动提示我们是时候该休息放松了。

如果失眠，也不要想着"我为什么还睡不着"，而要告诉自己,"睡不着也没关系,至少我的身体在休息"。

二是锻炼身体。

情绪需要释放,运动是最好的释放方式。

坚持每周五天、每次 30 分钟的有氧运动,可以帮助你减轻压力,提高自尊,改善睡眠,改善生理机能和心理机能。

运动过后,你会拥有强烈的掌控感,意味着你可以掌控自己的情绪、应对焦虑。

同时,运动还能增加"天然止痛剂"内啡肽的分泌,减少"压力激素"皮质醇的分泌。

研究表明,即使只是 20 分钟的健步走,也能改善认知功能和情绪状态。

三是调整营养。

食物不仅仅是生活中的享乐,也是改善情绪的手段。

多样化的饮食结构,有助于身体调节激素水平,也能直接影响情绪和能量水平。

当你感到焦虑、愤怒的时候,给自己倒一大杯水,同样能让大脑冷静下来。

思考贯穿我们的一生,也影响着我们做出大大小小的选择,在多重选择的叠加下,塑造了我们的人格,促使我们形成对自我、对他人以及对世界的认知,丰富了我们的内心世界。

当你能够觉察到自己的情绪,了解自己是怎样思考、如何做决定的,你就能掌控自己的大脑,做出更明智的选择。

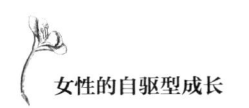

维持积极情绪的正循环

谈到女人魅力时,我们首先会想到什么?是婀娜的身材?出众的外貌?还是优越的家境?这些确实可以提升一个人的吸引力。但是,一个女性拥有这些远远不够,还需要有稳定的情绪。

试想,一个相貌出众,但情绪不稳定的女性,不但会给自己的人际关系带来麻烦,还会在情绪上不断消耗自己,甚至让自己变得身心俱疲。所以,要做一个魅力女性,一定要学会自我情绪管理。

曾经,有这样一个关于社会心理学的有趣的问题:"多数人每天上班都是坐着,从事的也是毫无创新的工作,但为什么还是会觉得累呢?"

心理学家霍赫希尔德给出了自己的答案,他说:"因为除了体力劳动和脑力劳动外,还有一项同样艰辛的付出总是被忽视,那便是——情绪劳动。"

怎么理解这句话呢？我们以一些生活经历说明。比如，你旅游时爬一天山，整个人会很累，但这种累只是身体上的疲惫，但你的精神是亢奋的。再如，工作时一直坐着的人也比较累，然而这种累却是身心上的疲惫，精神是萎靡的。

因此我们可以说，真正让你累的并不是工作本身，而是你在工作中经历的事、接触的人。你因此会产生一些不良情绪，或是情绪受到这些人或事的干扰。

许多时候，事情本身是没法改变的，需要改变的是我们的情绪。纵观那些在工作、生活情绪稳定的女人，她们不但能与人愉快地相处，而且可以把事情做得井井有条，很大程度上得益于她们的自我情绪管理能力。

心理学家们的研究也证明，情绪改变导致行为改变。除非一个人能改变自己的情绪，否则很难改变自己的一些固有行为。所以，一定要学会控制自己的情绪，并不断提升情绪管理能力。

在生活中，有这么几件事是可以缓减我们的不良情绪，长此以往，有助于提升我们的情绪管理能力。

1. 多看正能量的作品

在平时的生活中，要多看一些积极向上主题的作品，少看一些感情缠绵，或者是会带给自己悲伤情绪的作品，这样就会少一些失落的情绪，而多去想一些积极美好的事物，从而让自己远离负面情绪。

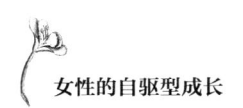

2. 适当做一些运动

运动可以在生理和心理两方面改变自己的状态，在运动中会释放血清素和内啡肽，这些快乐因子可以改变你的生理状态，进而改变你的心理状态。另外，运动也会让你专注在当下，专注在行动中，从而避免消极情绪的蔓延。

从今天起，在心情低落的时候，不妨试着跑几公里，或者做一些俯卧撑、深蹲，相信，它会在一定程度上改善你的心境。

3. 试着成为一个积极的人

你知道吗？行动和思想是始终保持一致，而且行动会反向控制情绪。比如，在你开心大笑的那一刻，是没有办法同时做到痛苦、悲伤的。因此，在平时的生活中，要尽可能让自己变得积极、乐观，多做一些让自己兴奋的事情，这有助于快速调整自己的状态。

4. 为自己的错误表示抱歉

人无完人，大家都会犯错，勇于承认并及时改正，对被我们错误影响的人表示抱歉，是一种担当。我们不能避免错误，但我们可以做到真诚和谦逊。研究表明，道歉对接受者和给予者都有惊人的情感益处。表示歉意，可以为一些事情画上圆满的句号，让你变得不再纠结，从而将积压在心底的负面情绪释放掉。当然，只要心结打开了，整个人的状态也就变得更好了。

5. 通过冥想放松自己

可以冥想内容有很多，但是，你可以简单地冥想三五分钟，以此专注当下，暂时彻底放空自己，这有助于快速改变你当下的不良情绪。

总的来说，要改善自己的情绪，并实现积极情绪的正循环，那在平时的生活、工作中，要不断地将正向的积极的一些元素注入自己的思想、习惯、行为中，让它们变成自己的潜意识，长此以往，我们不需要刻意去控制自己的情绪，每天也能激情满满，及时化解坏情绪，并形成积极情绪的正循环，从而感受到更多幸福。

女性的自驱型成长

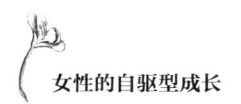

平静面对生活的各种关卡

新时代也是"她时代",在这个伟大的时代,要求女性担负更多的责任,表达出更多的"她力量"。只有这样,才能不负这个时代,才能不负自己。但是,想要活成自己想要的样子,想要成为人生的赢家,一定要学会平静地面对生活的各种关卡。

人的一生,难免会有一些难以淡忘的过往,或忧伤,或欢喜,或惆怅,或惋惜,总想试着去挽留,却似飞花落絮,无声飘落。如果我们拥有了心静如水的心,就可以抵挡人生风雨的冲击。许多时候,女性的美就来于内心的平和与恬静。

有这样一则小故事:

有一个年轻的女孩子,她与许多有梦想的人一样,对未来充满了憧憬,而且把它们列在了一张纸上:健康、漂亮、爱情、智慧、才能、名誉、财富……

清单完成后，她非常得意地将它交给一位聪明睿智的长者。也许是为了向他炫耀自己的才华及梦想，在把表单递给长者时，她特别自信地说："这是我在未来一段时间一定要实现的愿望，如果我能获得这些，我就是一个幸福的女人。"

长者看了她一眼，告诉她说："你的这个清单非常棒。"接着，又若有所思地说："虽然罗列得很全面，顺序也符合逻辑。但是，你似乎忽略了最重要的一项。如果你忘掉了这一项，那你所有的获得都将成为你无法承受的痛苦。"

女孩儿急忙问："请告诉我，是哪一项呢？"

他拿起笔，逐一划去了她写下的所有梦想。然后在表单上写了几个字——"心灵的宁静"。

随后，他说："这是命运之神保留给她特别眷顾的人的礼物。她赐给很多人才能、财富、名誉和美丽，但是，只有'心灵的宁静'，是她应许的最后奖赏，也是她至爱的表征，所以她颁赐对也最为审慎。"

女孩儿当时听得不太明白。多年后，她仍然在追逐这些梦想，但是，她发现自己的生活中好像唯独缺少想要的充实和快乐。

尤其在今天快节奏的职场，很多女性会因为忙碌，因为各种事情的困扰，从早忙到晚，没有跟自己心灵对话的时间。这不应是生活应有的样子。其实，我们原本可以停下来，去静静地去听

女性的自驱型成长

一首喜欢的音乐；或是去看一部喜欢的电影；或是放下包袱，去野外欣赏大自然的美景；或者只是安安静静地坐着，什么都不想，都不做；或者闲暇时给自己泡一杯茶，惬意地坐在窗前晒着太阳……这样的日子终归让人心情愉悦。

这才是女人应有的生活姿态，当然，这也是一种生活智慧，一种生活能力。女人需要这样的宁静来清空内心的烦恼和忧虑，使自己从压力中解脱出来。拥有一份平静，你的心灵将远离压力的困扰，永葆平和。

在演艺界，香港演员周慧敏被称为"玉女"掌门人，她为什么能获得这个称呼呢？从18岁到40岁的二十余年间，岁月竟没怎么在她脸上留下多少痕迹。年过40岁的她，依然身材婀娜，像少女一样。人们惊讶她的美貌与身材的同时，却很少知道她是一个内心恬静的女人。

从她进入演艺圈至今，不论事业是否顺利，她都始终拥有一颗平静的心。1985年，周慧敏正式进入演艺圈，就在她事业如日中天之时，却选择了隐退。1997年，她在大西洋城及拉斯维加斯各举办一场演唱会后，正式宣布告别娱乐圈。后来，她到加拿大定居，过着非常普通的生活，与此同时，她想完成童年的一个梦想，即做一名画家。

平时，她经常会练习绘画，绘画水平提升很快。她曾以一幅《新疆老翁》为名的作品，荣获"视艺新纪元奖"；其后又凭作品

《望过去，看将来》入围首届"中国水彩人物画展"。除了会画画，她还是钢琴十级，而且散文写得也一流，是个美貌智慧兼有的女人。

生活中，周慧敏低调、朴素，从来没有明星派头。她经常到街边的发廊剪发，价格也非常便宜。她经常乘公交车，也时常在街边吃云吞面。她喜爱的娱乐活动是打台球，她也特别喜欢小动物，而且热衷于各种公益活动。

不论在人生的低谷，还是事业的高峰，她始终能做到内心平和，不骄不躁，这也让她变得与众不同，优雅且有魅力。一个内心平静的女人，就像山间的一株幽兰，安静地吐露出自己的芬芳。她不会羡慕别人的美宅华第，不会醉心于功名利禄。今天，这样的女性越来越多，她们在为事业不断打拼，在变得越来越优秀的同时，却又始终内心恬静，过着一种简而又精致的生活。

内心平静是一种气质、一种修养。一个内心平静的女人，一定是一个有魅力的女人。她的脸上永远洋溢着一种自信、阳光，她可以"不为物喜，不为己悲"，让自己的内心保持一份独有的安静。正如普希金所说："幸福的特征就是内心的平静。追求快乐，结果都被快乐所伤，追求平静，则追求到最真的心灵，最善的自我，和最美的生活。"

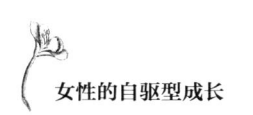

容人容物，抚平自己的内心

许多时候，一个女人能否活出最好的状态，关键在于她是否拥有足够的胸怀。如果她缺少胸怀，习惯套牢自己的心，结果只会让自己的理智闭塞——一旦心情阴暗了，整个人就失去了快乐。胸襟广阔，能容人容物，是女人成熟的标志，也是新时代女性必须追求的一种境界，而且大度和包容会让女人绽放出另类之美。

过去，我们有一种偏颇的观点，认为女人是生活的弱者，既然是弱者，又怎么能豁达大度呢？其实不然，女人是不应是"弱者"代名词。如果把自己视为弱者，心里只装着曾经的委屈和痛苦，却不能释怀，那怎么能活出真实的自己，捕捉幸福的人生？那样，只会在日复一日的计较中消耗自己。

一个真正懂得包容的女人，她不会纠结于过去的是是非非，而是豁达地面对过往与现实，并能乐观地展望未来。

第5章 提升自控力，做好情绪管理

在现实生活中，要做一个魅力女人，那对待别人的缺点，甚至是不满与牢骚时，要学会包容，尽量看到对方的优点，多想想别人给予的好处。不要因为一件事，就把别人所有的好全盘否定。这样既可以表现自己良好的修养，也可以树立良好的个人形象。

张丽是一家企业的部门经理，在公司任职8年，向来以为人豁达开朗深受同行们的好评。刚进入公司时，她只是一个普通的职员，由于性子急，经常嘴上不饶人，所以，会与一些同事发生口角。后来，领导找她谈过几次话，并开门见山地指出了她的问题所在——不够大度。

后来，她开始刻意改变自己的一些行事风格，不管自己遇到什么不顺心的事，都不会抱怨不休，都尽可能开开心心的。对待同事工作中的失误，她不再用挑剔的眼光看待，而是尽量想弥补的方法。渐渐地，她像换了一个人似的，从一个时常板着脸的"小泼妇"变成了一个优雅知性的女人，整个人也显得成熟了。

由于她工作能力强，而且也非常善于处理同事间的关系，所以，她入职的第三年，被晋升为部门经理。在领导岗位上，她更加意识到包容的重要性。在许多问题面前，她都能表现出应有的风度。比如，当领导失之偏颇时，她不会据理力争，而是先把责任担下来，再有一说一，理性地表达自己的观点。每次，领导在认识到自己错误后，对她更加信任有加。

女性的自驱型成长

有一次，在工作中，一些同事不配合她工作，还打她的小报告。但是，她没有抱怨，也没有针锋相对，更没有将坏情绪带到工作中。让人没有想到的是，她表现出了让人难以置信的大度与从容，让那些"生事"的同事自感愧疚，并私下向她表达了歉意。对此，她一笑了之，竟责备自己考虑问题不够周全，给大家带来了麻烦。

后来，部门在她的带领下，精诚团结，业绩月月攀升。大家也都把她当作知心姐姐，有了问题喜欢找她来评理，有了心思也爱和她交流。因为大家在她身上看到了一种正气。

在生活与工作中，难免会遇到烦心事，如果缺少包容心，别说与人相处共事了，只是想想就够累的了！因此，有修养的女人很少会吹毛求疵，更不会排挤、嫉妒他人。她们能理性地对待别人缺点、过错，该忘的会忘掉，该学的要学会。

可以想见，一个缺少包容心的人会活出怎样的一种状态？她一定会成为负能量的载体，整天满腹牢骚，大家敬而远之。结果，即使工作再努力，为人再诚恳，也很难树立好的口碑。

因此，一定要学会做一个正能量的女人，做一个拥有包容心的女人。多点包容，不是没心没肺，更不是吃亏，而是一种修养，一种气度，一种良好的自我情绪管理能力。

换一种心境，发现生活之美

在快节奏的生活中，因为各种压力，我们的情绪很容易变得烦躁、压抑、失落。只要稍作留意就会发现，不少人经常会把"郁闷"挂在嘴边，这也郁闷，那也郁闷，真郁闷，时郁闷，心情大好时也说郁闷。许多时候，人郁闷了，心情就会变差，心情差了，无形中会说一些不当的话，做一些不当的事。

在一家装修比较讲究，也较有档次的西餐厅，一位相貌端庄秀丽，穿着非常时髦的中年妇女，和她的丈夫在一同用餐。看得出来，他们拥有不错的经济条件。

在用餐过程中，太太一直板着脸，有时还紧锁眉头，连着抱怨几句：

"这道菜怎么烧的啊，真是难吃死了！"

"真是吵死了，路边都是些什么人在嚷嚷？"

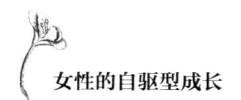

"都和服务员说了三次了，还不过来换餐具。"

显然，她的心情有些糟糕，心思不在吃饭上。而对面的丈夫不言不语，一边听他絮絮叨叨，一边慢慢享用。

见丈夫没有理会自己，她吵得更厉害了："你不要只光顾着吃啊，快去把老板叫来，我要问个明白。"

丈夫看了她一眼，笑了笑。他面容和蔼，温文尔雅。虽然他觉得太太有点失礼，但是，不知如何应对，只是说："你尝尝这个，味道不错的。"

太太瞪了他一眼，说："哪有心情吃啊，我说不来这家嘛，你非要来……"

一桌精致的饭菜，却没有吃出好心情。在他人看来，这位妇女虽然举止优雅，且拥有较好的容貌，但是她的喋喋不休的抱怨，无形中会改变别人对她的初始印象。

任何时候，一个人的情感、形象、素质都体现在一言一行中。在现实生活中，有很多职业女性，他们有一定的职位、资历，也拥有丰富的工作经验，且在教育、晋升、婚姻、薪酬等方面也不差。在常人看来，这样的女人应该享受着更多的幸福和快乐，其实不然，她们当中不少人却是"郁女"一族。

真是烦死了，工作越做越多！

老板不地道，这个周末又让我们加班？

唉，你们说现在的渣男咋就这么多，好男人都去那儿了？

每天上班，路上都堵得要命，郁闷死了。

……

有些女人因为情感，或是工作问题而让自己抑郁不已，不论做什么事，都会去假想最坏的结果，都会担心自己会输，结果，总是生活在自己给自己设下的心牢里。似乎在她们的世界中，一切都是灰色的，包括心情。她们即使人到中年，依然不成熟，计较太多，抱怨又多，总以为是幸福把自己抛弃了，其实回过头来想一想，是她们亲手把幸福抛弃了。这样的人，总是很难发现生活中的美，再优越的条件也唤不起她们生活的激情。

即使我们真的很不幸，心里也要有阳光，眼睛也要看到生活之美。正如雕塑大师罗丹所说，"世界上并不缺少美，而是缺少发现美的眼睛"。端庄秀丽，静谧可人，这是一种沉静的美；落落大方，清新自然，这是一种自信的美；平和洒脱，超然物外，这是一种闲适的美；粗犷豪放，不拘小节，这是一种大气的美。尤其在生活趋于平淡的时候，要试着去发现它的另一种美，去放飞自己的心情。

特别是在这个竞争激烈的时代，要活出自己的精彩，必须要有平和、积极的心态，要有过硬的情感驾驭能力。如此，我们才能看到世间更多的美好，才有资格追求精致的生活，才能用心去体验美妙的人生。

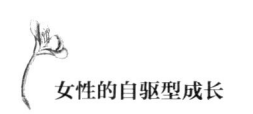

理性看待生活与感情

曾经有人问著名的投资大师查理·芒格，成功投资的秘诀是什么？他只说了两个字：理性。成功的投资者能做出正确的决策，把握自己的命运。把握自己命运的唯一方法，就是依靠理性。

毕达哥拉斯说："动物也具有智力、热情，但理性只有人类才有。"在现实世界中，女人大多容易感情用事，情绪上的波动足以影响她们的生活，也由此产生许多的痛苦。的确，很多女人的困惑、痛苦，都源于自己不够理性。因为缺少理性，所以，只知道"我想要怎样"，却不知"我应该怎样"，或者完全没有意识到一些事物和现象背后的底层逻辑。

当然了，有一种观点认为，女人就应该是感性的，这样的女人才美丽，才让人觉得温柔和真实。感性虽然不是个坏东西，但是，它也会给女人带来意想不到的伤害，因此还是要多一份理性。

这并不是说，感性的女人不幸福，而是说，真正够掌控自己命运走向的女人，她们最大的底牌就两个字：理性。理性决定了一个女人的人生高度。理性的女人可以避开这些思维的陷阱，对这个世界有更加客观、精准和全面的认知，她们更明智、更清醒，知道自己要什么、适合什么，因此她们在生活中更容易获得幸福，在事业上更容易取得成功。

举一个有关感情方面的例子。在婚姻生活中，一旦发现丈夫出轨，多数女人的选择是：要么选择原谅，却在心里永远反复纠缠；要么选择放手，对自己二次伤害。而理性的女人会怎么做呢？她会先设置一条婚姻的底线，她对人性的复杂、不可控程度早有预估，因此在遭遇婚变的时候，固然会伤心，但那个叫"自我"的东西却永远不会失去。

正如"奇葩说"中的经济学家薛兆丰讲的一段话："结婚，就是双方拿出自己的资源，一起办家庭企业，签的是终身批发的期货合同。也许每个人的资源不一样，作用不一样，功效不一样，但一定是互相出力，实现双赢。"其实，这种说法理性又现实，同时有一定的道理。

在婚姻生活中，双方都是参与婚姻家庭的重要组成部分，一旦个体失去了自我的认知和价值，会让婚姻的天平失衡。所以，用理性的方式看待婚姻，才是女人正确的姿态。

曾经听到有人说，自己最幸运的事情，就是遇到一个讲理且

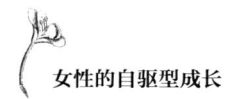

理性的妻子。由此可见，即使在男人看来，理性也是一个女人最高级的性格。

林徽因曾被人们奉为"民国女神"。她先后经历了三段感情，却没有因此招来人们的非议，反而得到了人们对她较高的评价。众所周知，为了能与林徽因在一起，徐志摩不惜抛妻弃子，但是，面对徐志摩的疯狂追求，林徽因却退却了。虽然当时她还很年轻，对于感情的了解也并不深刻，但是，她知道徐志摩是有家室的人，因此她最终拒绝了徐志摩。事后，她是这样评价对方的："徐志摩当初爱的并不是真正的我，而是他用诗人浪漫情绪想象出来的林徽因，而事实上我并不是那样的人。"在那份浪漫与激情中，她竟能如此冷静地思考，足见她是一个非常中理性的人。换作其他人，很可能早就坠入爱河，不能自拔。

之后，林徽因嫁给了梁思成。有一次，梁思成问她："为什么选择我？"林徽因回答："答案很长，我准备用一生的时间去回答，你准备要听了吗？"嫁给一个人，便是嫁给了一种人生，徐志摩多才，更多情，而她想要的，是一份现世的安稳。因此，她最终选择了踏实可靠的梁思成。因此有人评价她说："林徽因选择了一栋稳固的房子，而没有选择一首颠簸的诗。"

女人越理性，活得越高级。作为女人，你可以保持九十九的热度，但是，如果想活得更美，就把最后一度感性换成理性。特别是在爱情与婚姻的抉择之中，女人切不可任性而为，多一分理性，人生便少一分失控。

理性的女人，活得有弹性，她们可以享受最好的，也能承受最差的；理性，会让自己的心灵愈加富裕，所有的可为可不为，在理性的思维下都会给自己一个满意的答案，那就是"什么应该做，什么不应该做"。因为这个世界从来不是为你一个人而转动的，因此不要妄图让环境来适应你的想法，不要总是幻想着能够改变一切来为自己服务。

恰恰相反，一个人想要在社会中生存下去，就要懂得改变自己，让自己去适应社会的发展和变化，当别人无法理解你时，你要做的不是去强迫他人接受你的观点，而是放低姿态去倾听别人；当自己与环境格格不入时，不要企图让所有人来迁就你，而应该去积极思考问题出在哪里。只要做到理性，便可以战胜自己，便可以收获更多自信，便可以获得更多尊重与珍爱，这对女人来说，何尝不一种最好的回馈与报酬呢？

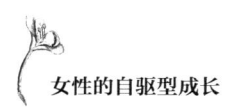

不计较，"傻"也是一种智慧

在婚姻生活中，太聪明的女人不容易幸福，相反，那些看上去傻里傻气的女人更活得更幸福，这是为什么？因为"傻"女人不太爱计较。

如果凡事都要争个理，有太多计较：抱怨老公工资太低，没本事；抱怨婆婆太不讲理；羡慕别人能住上大房子……那整个人的精神状态也会变差，而且计较会让自己成为一个负能量的载体，让人难以感受到你的阳光与洒脱。试想，这样的女人又用什么去创造、守护自己的精致生活呢？

美国心理专家威廉曾经是一个非常喜欢算计的人。能算计到什么程度？他甚至知道在华盛顿哪家袜子店的袜子最便宜，知道哪家快餐店比其他店多给顾客一张餐巾纸。但是，长期的这种"精打细算"并没有给他带来幸福，没有过上一天好日子。虽然他知道哪家医院的医生医术最高，哪家医院的药费最便宜，但是，仍然无法驱除身上的病魔。

在他32岁的时候，有一天，他才恍然大悟，并开始了对"算计者"的研究。结果，他得出了一个让人信服的结果：大凡太能算计的人，生活中都很不幸，而且多病且短命。而且，他们当中90%以上都患有心理疾病，他们体验的人生痛苦要比其他人多许多倍。

苏格拉底是年轻时，与几个朋友蜗居在一间只有八平方米的屋里，晚上睡觉，翻个身都很困难，但是，很少见他会愁眉苦脸。因为他的关注点不在空间，而在于和朋友的相处，他认为和朋友们在一起，经常可以交换思想、交流感情，是一件很有意思的事情。后来，朋友都先后结婚了，都搬了出去，屋里只剩下苏格拉底一个人，但他依然很快乐。一个人孤孤单单也能快乐？原来，他有许多书，把每本书都看作是一位老师，每天和"老师"交流，当然快乐了。

后来，苏格拉底也结了婚。住的地方环境比较差，有些不安全，也不卫生，经常有人往下面泼污水，乱扔臭袜子什么的。可他依然喜气洋洋，并坚持认为住在一楼有诸多的好处，比如进门就是家，不用爬楼梯，搬东西方便，朋友来访也很方便，还可以在空地上养养花……一年后，因为一个偏瘫的朋友上楼不方便，苏格拉底就与他互换了房间，住到了楼房的高层。这时，他也很开心，很满意。因为爬楼梯可以锻炼身体，住在高层光线好，可

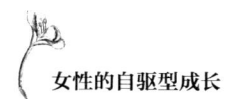

以很安静地看书写文章。

无论在哪里,无论处于什么样的环境,苏格拉底都会十分快乐。人们十分不解,就去问苏格拉底的学生柏拉图。柏拉图回答:"决定一个人心情的,不在于环境,而在于心境。"并不是拥有的多,快乐就多。

所以,快乐是一种心境,看淡一些东西。做女人不能太过精明和斤斤计较,名利、地位、金钱,样样都不肯放手,生活只会如牛负重,累且压抑;反之,放平心态,活出一种"傻"劲儿,对于现存的无法改变的东西不要过多地计较,有取有舍,有放有收,才会多一些快乐。

王娟是一位职场白领,她结婚的时候,家里陪了她20万嫁妆,但是她一分也没有留,都拿出来交了买房的首付款。她的父母也没有干涉,任由她支配这笔钱。

她有一个闺蜜,对此很是不解:"娟,现在哪有像你这样的,还贴钱往外嫁呢?要是我,没车没房想结婚?门儿都没有!"

王娟笑着说:"哎呀,现在都什么时代了,再说,我嫁的是人,又不是钱。"

闺蜜不解,说:"真是看不懂你,女人嘛,一辈子就这一回,一定要有车有房才结婚。万一将来他不爱你了,至少你还有钱。"

王娟说:"即使靠自己,我也可以过得很好啊,何必计较那

第5章 提升自控力，做好情绪管理

么多，好日子都是自己创造的。"

后来，婆婆给了她1万块的改口费，结果，第二天她就买了三件首饰送给婆婆。有人不解，她说："婆婆是个节省惯了的人，舍不得给自己花钱，我希望婆婆在自己儿子的婚礼上光彩照人，不留遗憾。"

婆婆激动得掉眼泪了，当即又拿出3万，硬要塞给王娟，她坚决不要。

她回到家，和父母谈起这些事，父母都没有说她傻。他们都是知书达理的人，也非常赞同女儿的做法："现在是新社会新时代，你做得对，多体谅婆婆，她也不容易，现在都是一家人了，不要在钱财上太过算计。"

王娟相信自己找到了一个值得托付终身男人。如果真要提防婆家，她也不会出嫁。王娟不喜欢算计，她说家是讲情的。因为她几次都没要婆婆的钱，也没有提什么别的要求，在婆婆眼中她是善良宽容大度的好儿媳，所以婆婆对她非常大方，总想做一些补偿，买房的时候让王娟做户主。王娟怀孕时，婆婆对他精心照料。

在新时代，不是彩礼要得越多就越有地位，而是思想境界越高，为人处世有头脑、知分寸，才能让他信服，才会有地位。婚姻生活如此，在其他方面也是一样，计较多一点，幸福感就会少一点。

女性的自驱型成长

要做一个聪明豁达的女人，除了不要受外界声音的干扰，还要学会"两个不计较"：

一是不计较他人。有些女性在工作中计较同事，在生活中计较朋友，回家还要计较老公："为什么别人家的老公都那么优秀，你又不赚钱，不浪漫，还不温柔。"

不论是朋友，还是老公，都是自己选的，你就算不能欣赏，至少也要学会认可吧。计较自己身边的人，这样的女人很悲哀，一方面是否定自己选人的眼光，另一方面是否定他人的同时也失去了对方的心。

二是不计较付出。对于大部分女人来说，在感情方面，都是极其小气的，生怕自己的男人不爱自己了，或者在外边拈花惹草，遇到问题喜欢说自己都为对方付出了什么，言外之意，对方没有为自己付出过什么。与别人相处也是这样，女人可以心思细腻，但不要太过计较自己吃了多少亏，花了多少钱。如果一个女人时时处处警惕，或是过于计较自己的付出，会越来越让人反感。

不计较是女人活得幸福开心的密码。与其计较，不如在生活中丰富、积累、精装自己，这样的女人才更保值。相反，拎不清自己，还爱计较，喜欢攀比的女人很难活出想要的样子。

第6章
持续精进,
人生成长不设限

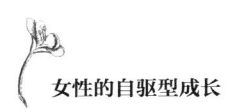

不自我设限，活出全新自己

在心理学上有一个词叫"跳蚤效应"，讲的就是"设限"的问题。跳蚤在不加限制的情况下，可以跳一米多高。如果长时间让跳蚤待在一个固定的透明盒子里，顶上用透明的盖子盖上，即便将盖子打开，跳蚤也不会再跳到一米多高。这种内心默认了限制自身能力的现象，就是"跳蚤效应"。

我们的人生不也是如此吗？在生活中，我们总是会产生许多顾忌，经常为自己设限。只有不为自己设限，才能看到自己不断涌现的能量，人，往往要逼自己一把，才能看到自己身上爆发出的巨大能量，而我们习惯于自我设限，用怀疑的眼光看自己，"我行吗""这项工作我能胜任吗"，既然没有去尝试的话，怎么知道自己不行呢？

路遥曾经说过："生活总是这样，不能处处叫人满意。即使这样，我们也要不断尝试，不能被世俗的眼光给绑架，打破禁锢，活出属于自己的骄傲与精彩。"只要我们不自我设限，未来的事情，谁也说不定。尤其对于女人来说，不应被世俗的眼光、丈夫以及家庭所束缚，而应做一个不自我设限的女人，这样，往后余生，才能成为更好的自己。

任何时候，不断自我成长的女性更有魅力。刘嘉玲在"超级演说家"中说："女人的美丽，我觉得从来都是宽容、慈悲，内心强大，和对自身认识进化提升的过程，我很庆幸我生活在一个可以独立、自立，可以通过自身努力就可以掌控自己的人生时代。"虽然她已年过半百，但她依然在努力，让自己活出更多可能。她试着去演话剧，去参加一些综艺节目，去爬山……正因为如此努力，她的每一天都能活出全新的自己。

不为自己的人生设限，关键要做到两点：

一是思想不设限。其实，每个女人都很优秀，你也应该让自己变得更优秀。正如毕淑敏说："我不相信命运，我只相信我的手，因为这份力量只属于我的心，我可以支配它，去干我想干的任何一件事。"然而，在现实生活中，很多女性会因为年龄、职业、学历等方面的差异，给自己贴上"不可能""尝试也没用"等标签，认为很多事情自己根本办不到。我们要打破这种认知。所有的路都是靠自己走的，所有的感悟都是自己领会的。只要你敢试、肯试，没有什么是不可能的。只有不设限的女性，才能拥有一片广阔天地。特别是新时代的女性，她们有着自己的思想，有独立的意识，她们善于不断地观察自己、修正自己，并有自己的梦想，敢想敢干，即更面对质疑、不理解时，依然能遵从本心，突破旧的思想观念，去探索更多可能性，去发现更好的自己。

二是人生不设限。 富兰克林曾说："一个人失败的最大原因，是对自己的能力缺乏充分的信心，甚至以为自己必将失败无疑。"作家李筱懿曾经坦言，曾经，她因为对自己的认可度不高，错失两次很好的机会。其中一次是在她20来岁时，有一家猎头公司找到她，希望她能到一家知名企业做老总的秘书。当时，她缺少自信，认为自己身高不够，外语水平有限，专业能力不足，于是委婉地拒绝了。事后，她有些后悔。其实，很多女性都有过类似的经历，就是在潜意识中会为自己的人生设限，认为自己不适做什么，或是认为自己至多也就能做什么。

在综艺"幸福三重奏"中，有一位女嘉宾说过这样一句话："女性独立的不是钱而是心。"聪明的女人从来不会自我怀疑，也不会给自己设限。人生在世，每个人都拥有着一定的潜力。于女性来说，真正束缚她们的并不是家里面的柴米油盐，更多的是自我否定与质疑。其实，只要不自我设限，勇敢追求自我，每个人都有机会活成自己想要的样子。

新女性快乐生活的标志

无论哪个时代，讨论女性的地位都脱离不了她们的生活，而追求快乐、幸福、平静的生活状态才是女性地位提升、个人成长的标志。如果在快节奏的时代，女性除了能够在职场上向前一步，能够正确处理亲密关系，能够赚钱养活自己，但生活依然不是很快乐的话，这样女性的生存状态还是处于挣扎的状态，而没有质的改变。

好的生活质量来自健康的状态，什么样的状态是健康的呢？世界卫生组织给健康下过这样的定义：健康不但意味着不生病，不虚弱，而且意味着身心及社会生活处于完全健康的状态。一般包括规律运动、充足睡眠、合理饮食、处世乐观、情绪管理等方面。而这几个方面都平衡得好，才是现代新女性快乐生活的标志。

所以，衡量自己是不是拥有一个快乐的生活状态，可以写下自己的日常生活，看看哪些是重要的，哪些是可以忽略不计的，哪些是事先计划好的。可以从以下几个方面来衡量：

1. 心态良好

比如一天结束了，你感觉身心是疲惫的还是放松的，是接纳的还是抗拒的。举个例子，当你结束了一天的生活，躺在床上脑子里是想到"愉快的一天结束了，终于能睡个安稳觉了"，还是"这一天过得真糟心，晚上估计又要失眠"。这是两种不同的心理状态，代表着两种截然不同的身体状况，前者心情愉悦，情绪平和，后者却是带着沮丧、不满或者病态。这个时候要反省一下自己究竟是生活中的哪个环节让你产生了不同的感受，愉悦来自哪里或沮丧来自哪里，然后写下来，有目的地去改变。努力让自己向好的轨迹上发展，不让病态的生活拉垮自己。

2. 生活精简

忙＝心亡。一个人如果一天到晚忙得不得了，只能说明一个问题，你在透支自己的时间和精力，你无暇顾及自己的内心感受。你正在像个陀螺一样做自己或许不太喜欢却不得不做的事情。比如，你正在做一个不得不加班的工作，你不得不面对无休止的家务，或者你已经陷入了育儿的疲惫不堪。这些都不是快乐的生活，生活只要不轻松又如何产生快乐呢？要学会推掉一些你不想做或没有时间做的工作（而且不要有内疚感）。如有需要，可考虑聘请保姆帮忙，切勿做生活的奴隶，生活不全是柴米油盐，不全是工作和忙不完的家务，生活还可以是一起出去散散步，去电影院看看电影，或全家来个短途旅行。当一个人不再被疲累生活所困，内心反而能够生出更多的幸福感。

3. 适度放松

如果你的生活状态是要被迫减少休息时间，那么与家人的关系也会受到影响。所以要学会忙里偷闲，工作是永远也做不完的，可以跟孩子一起分享一本好书、一起玩个游戏，和爱人享受一顿烛光晚餐，这些看似简单的生活片段，却能成为枯燥生活的调味剂，让家人感到你们彼此的重要。

4. 情绪平和

一个无论多成功的人，只要情绪处于不稳定的状态，那么也不算幸福。情绪是把双刃剑，既伤自己又伤别人。要让我们的认知不断改变，告诉自己：生气本身是没有任何作用的，它不能推动事情解决，甚至会妨碍事情的解决，造成双方更大的误解和隔阂，还会伤害身体。这样是有成本的，生气看似小事，造成的后果或代价可能很大。生气没有一点好处，都是坏的一面，为何还生气呢？要将心结解开，一次解一点点，慢慢就能调和自己的情绪，遇到一些触怒自己的事情，也就会忍住，不再生气了。

5. 重视健康

不管你多么繁忙，也不管你如何清闲，首要的是保护好自己的身体，身体是革命的本钱，要合理的饮食加上适度的运动才行，并尽量满足自己身体的其他需要。已故复旦博士于娟在《此生未完成》一书中写道："在生死临界点的时候，你会发现，任何的加班,给自己太多的压力,买房买车的需求,这些都是浮云。如果有时间,好好陪陪你的孩子,把买车的钱给父母买双鞋子,不要拼命去换什么大房子,和相爱的人在一起,蜗居也温暖。"这是她在绝症化疗之余写下的文字,因为失去了健康不得不抛下深爱的丈夫和年幼的孩子以及年迈的父母,不得不终止了她为之奋斗的事业。

她留给人们值得思索的根本问题就是要爱自己,当你失去了健康就等于失去了一切。什么想做的事,想爱的人,想完成的梦想,统统化为梦幻泡影。

从这几个方面记录自己的状态,积极的状态继续保持,消极的状态就尽量改掉,慢慢就能让生活向着快乐和幸福的方向迈进了。

心中有爱，眼里有光

所有温暖的人，都是"心中有爱，眼里有光"的人。爱赋予了生命全新的意义和使命。当人们心中有爱，发自内心地去关爱他人时，就能够赶走对方心中的阴霾，给予他们温暖和快乐，同时自己也会感到无限的快乐。这就是真正的快乐和幸福之道。

那么，怎么做到心中有爱呢？爱的真正内涵包括：给予、关心、责任心、尊重和理解。

首先，学会给予。给予别人快乐，不给别人找别扭，作为一个新时代的女性，不要动不动钻牛角尖，遇事说开，不闹情绪，就是为别人带去情绪价值。一个家庭中，女性如同定海神针，女性快乐全家快乐，妻子快乐丈夫轻松，妈妈快乐孩子轻松。这就是给予的力量。而不要天天觉得世界欠你的，不是抱怨就是指责，不是发脾气就是闹情绪，这样的状态会让周围的环境变得紧张充满压力，也会让自己身心疲惫，这样心中哪里会有爱，眼中又如何会有光呢？

其次，要学会关爱。你先要拥有一桶水，才能给予别人一碗水。同样的道理，给予别人关爱的人，是心中有爱的人才能做到的。在别人有困难的时候伸出援手；在别人无助时，悄悄扶他一把。在关爱别人的过程中慢慢使自己更有力量。

再次，学会负责。无论男性还是女性，一个有责任心的人才是一个具备成长型思维的人。敢于负责任也是心中有爱的具体表现，自己负责的另一面是不给别人添麻烦。一个人只有心中有爱，才能做到对别人负责，对自己的言行负责。负责要求人们在做每件事，说每句话之前都先想好，会不会给别人带来伤害；而一旦给别人带来了伤害，自己也要对自己所做的事，所说的话负责，努力弥补自己的过错，尽量减少对别人的伤害。

最后，要学会做一个尊重和理解别人的人。生活中本来没有对错，只是各自站的角度不同而已，一个真正能够尊重和理解别人的人，才是有智慧的人。一个人只有懂得尊重别人才会想了解别人，也只有了解别人才知道如何尊重别人。而无论是尊重还是了解，都是建立在爱的基础上。没有爱，人们就没有尊重、了解别人的动力。

日本畅销书作家渡边和子女士说："那些充满知性、雅性以及安稳性的女子，最是招人喜欢。这样的女子带有一颗温暖且柔软的心，既能给身边人带去美好与温情，同时也带着感恩的心接纳他人的赞美和好意。雅性的女子，心中有温暖，眼中有光芒，更有对世界、对生活以及对自己的爱。"

这样的女子看起来是柔软、谦和的，但内心里却住了一个强大的灵魂。所以，爱自己爱别人，去做一个温暖、柔和、有力量的幸福女子。

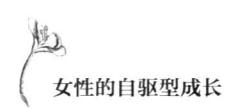

在各种关系中塑造好"角色"

心理学上有个观点，人之所以痛苦，往往是因为"关系"，与自己的关系、与亲人的关系、与朋友的关系、与同事的关系。如果认真去审视这些关系，就会发现一个真相——人活一世，幸福的人往往是因为在关系中塑造好了"角色"。想要成为一个快乐又具备自我能力的新时代女性，就要学会处理与自己的各种关系。

我们经常听到有人抱怨：

为什么遇不到对的人，难以维持长久的爱情或婚姻？

为什么父母家人总是不理解我？

为什么面对孩子，无法克制自己的怒火？

为什么和权威交流，总是克服不了紧张？

为什么我们学了很多沟通技巧，还是会陷入一段关系的痛苦里？

所以，无论与家人还是与外人，每个人都在解决关系，并且在关系中学着成长和蜕变。

生命就是关系，没有人可以脱离关系独立存在。内在成长的路无非就是两条，一条是内修与静心，另一条就是通过关系，成为真正的自己。无论是静心与内修，还是努力在关系中成长，最终指向的都是个人内在的觉醒。在关系中扮演好"角色"，就是要努力提升自己，少去改变别人。面对父母不理解的时候，想想是不是自己做得不够好；面对爱人不体贴的时候，想想是不是自己也有没做到的地方；面对孩子不配合的时候，先反观自己是不是说法或做法没有去对孩子产生同理心。任何时候，只有内省、内观，才能让关系顺畅。

在多种关系中，女性要扮演好妻子、妈妈和女儿三个角色。

在扮演妻子这个角色的时候，不要有控制欲，而是用一种合作的态度去对待另一半，把婚姻当成合伙开企业，对方就是一起并肩作战的人，自己无法做到的事情不要过分要求对方。要和配偶一起进步和成长，而不是自己站在原地却希望对方能够越来越好。你变了，你的另一半才会变。

在扮演妈妈这个角色的时候，给予孩子除了母性本能的爱之外，还要给孩子当榜样，做一个不断成长的妈妈，引领孩子和影响孩子。要把更多的希望寄托在自己身上而不是强加在孩子身上。孩子有孩子的梦想，妈妈也应该有妈妈的梦想，不要把自己没有完成的目标寄托在孩子身上，不去控制孩子，而是去引导孩子。

在扮演女儿这个角色的时候，要做到孝顺，先顺再孝，也就是不管父母做什么或说什么尽量不去辩驳，让父母顺心他们才会开心，这样父母才会健康快乐，让父母快乐就是为人子女最大的反哺。在自己能力范围内尽量做到多陪伴父母，让他们在你的身上感知到幸福和美好。

扮演一个好的角色，需要从内在审视自己，改变自己。就像卡里·纪伯伦说的那样：

如果有一天，你不再寻找爱情，只是去爱；

不再渴望成功，只是尽力去做；

不再追求成长，只是磨炼心性；

不再索取，而是给予；

不再渴望他人肯定，而是觉知自我力量；

不再以自我为中心，而是能够看到你身边其他人的需求与渴念，并尽自己努力去做；

一切才真正开始。

谨记，所有的关系都是你自己的外在投射，你与所有人的关系，实际都是与自己的相处，透过别人来照见自己的不足之处，然后去不断修正，变得更加美好。

内心像个孩子，外在当个大人

内心像个孩子指的是保有像孩子一样的好奇心，而外在当个大人则是在为人处世方面要有担当、有责任心。

有段话是这样说的：当一个人以孩子般单纯而无所希求的目光去观看，这个世界是如此美好：夜空中的月轮和星辰很美，小溪、海滩、森林和岩石，山羊和金龟子，花儿与蝴蝶都很美。当一个人能够如此单纯，如此觉醒，如此专注于当下，毫无疑虑地走过这个世界，生命真是一件赏心乐事。这就是一个单纯与简单的心境。

《小王子》里有句话说："长大不是最大问题，遗忘才是，问题不在于长大，在于你忘了曾经是个小孩。"这句话更深层次的含义是：我们常常忽略了，存在于潜意识中的"内在小孩"。它承载着过去的情感、记忆和信念，也承载着当下的情形认知和未来的希望。

女性的自驱型成长

人们为什么喜欢孩子？很大程度上是因为孩子没有成人世界的复杂，他们因为单纯而可爱，因为单纯而快乐，这种快乐对于我们成人世界来说难能可贵。孩子们一天到晚也很忙，但他们只为快乐而忙。他们耽于游戏，也能遵守游戏规则；他们善于把垃圾场打造成游乐园，他们没有玩具也能玩得不亦乐乎。这一切，都源于他们那颗纯真的童心。所以，人们总是称那些快乐的人"童心未泯"。

有这样一个小故事：

一个人有一辆四轮双驱吉普车，平常就停在小区院中，每次去开车，车前身的"4×2"字样后都会被小孩子用粉笔写上"=8"，头一天将它擦去，第二天还会写上。后来，司机干脆在"4×2"后面用油漆喷上了"=8"的字样，原本想"这下不用再写了吧"，谁知第二天去开车，"4×2=8"后面竟被人用粉笔打了个对号！

这就是我们的孩子，这就是曾经的我们。只要是认准了的事情，多苦多累，多没意义，多没价值，孩子们都能乐在其中。因为在他们的世界里，生活原本就该是一道完整的算式，每一个算式都只有唯一的答案。少了那些让人头疼的意义，少了那些似是而非的答案，自然也就远离了那些斩不断、理还乱的烦忧。

像孩子一样看世界，事实就是让我们时刻保持一份纯净的心境，相信美好，目之所及、耳之所听、口之所言都是美好和正能量的事物，那么整个人的精气神也会提升，慢慢变得美好和谐起来，这是最好的自己。

外在当个大人就是不要动不动就把责任推给别人，学会承担一定的责任。如果一个人50岁了依然无法控制自己的情绪和心态，说翻脸就翻脸，说撒泼就撒泼，那么行为表现还不如孩子。反之，如果一个十几岁的孩子能够表现得情绪稳定，在别人眼中他就像个小大人。所以，我们每天都要扮演好一个情绪稳定的成年人。这不是逼不得已，而是成长需要。

所以，每个人的内心都要住着一个孩子，阳光绽放在笑容里，让自己变得美好和纯粹。让自己内心安定，像孩子一样具有智慧和纯净，纯净就是一种非常高的能量。而在行为处事方面，又要扮演一个情绪稳定的大人，敢于去承担责任，这样才算活得通透。

女性的自驱型成长

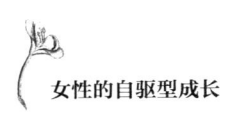

提升自己的幸福力

心理幸福感,是个体根据自定的标准,通过对自我生存质量进行综合评价而产生的一种比较稳定的认知和情感体验。包括自我接受、个人成长、生活目标、良好关系、环境控制、独立自主、自我实现、生命活力等一系列维度。

每个人穷尽一生都在追寻"幸福",小时候我们以为幸福是读个好大学、找份好工作、赚好多钱、嫁给白马王子。

长大后发现,幸福是一种能力。一种对真实自我的接纳能力,一种面对失败和挫折的勇气,一种懂得活在当下的态度。

当我们知道幸福是一种能力的时候,就可以通过锻炼让这种能力提升。就像我们肌肉没有力量的时候可以锻炼,幸福的能力也可以锻炼出来。当有了感知幸福的能力,就不会被外在的东西所牵绊与纷扰。幸福或不幸福不来自挣了更多的钱,也不来自社会地位的提高。很多人以为成功了才会幸福,恰恰相反,是先感到幸福慢慢才会成功。阻止一个人成功的就是内心是不是和谐，如果一个人不接纳自己，只希望通过外在的东西来达到某种期望，而不先从内心去改变，就很难感受到真正的幸福。

如果一个人一辈子所做的所有事情都只是为获得外在的物质来让自己获得满足和快乐，那么就会越来越不幸福。因为你的身体会越来越老，你拥有的这个身体本钱也会贬值，你又如何靠着外在的东西获取持续不断的幸福呢？所以，幸福这种能力是需要不断学习和探索，去提升自己感受幸福和快乐的能力。

那么，如何去培养这种幸福的能力呢？

1. 做自己喜欢的事

人在做自己感兴趣的事，就会处于全神贯注的状态里，心理学上称这种状态为"心流"。那么你就找到了可以和自己对话的空间，如果能把自己喜欢的东西发展成事业，那就更好了。

2. 保持愉快的情绪

要学会在各个地方培植自己快乐起来的能力，比如唱一首歌、跳一支舞，和朋友出去吃顿火锅，那种愉悦的感受非常真实，而这个愉悦的感觉就是幸福和快乐。再或者去建立一种长久的兴趣爱好，比如读书、写作等。

比如，很多女性说："当我学会做一个拿手的好菜得到别人称赞的时候最幸福；当我用自己赚来的钱购物时最幸福；当我一个人安静地读一本好书，内心产生共鸣时最幸福；当我弹一首好曲子并沉浸其中时最幸福；当我带给家人快乐，他们因为我的存在而感觉幸福；当我穿着得体妆容精致时感觉最幸福"。这些就是从不同的地方寻找到产生情绪愉悦的通道，这样的通道越多，幸福力就越高。

3. 获得成就感

每个人都能做出成绩，都会收获一定的成就感。比如带娃的成就感、做家务的成就感、工作赚钱的成就感、努力在某个方面突破的成就感。哪怕是一点点成就，哪怕在别人眼里是微不足道的，但是因为是你自己做到的，就会得到一种很持久成就感。

4. 拥有价值感

世界很大，值得追求的真善美很多，所以永远不要认为自己"不行"，女性存在的最本质意义就是带给社会价值感。所以，女性无论是家庭主妇还是职业女性，都要让自己拥有价值感，这也是幸福力的一种。

幸福的反面不是不幸，而是麻木，也就是缺乏感知幸福的能力。当你锻炼出自己的幸福力的时候，你才会变得更加幸福。更幸福不来自你挣了更多的钱，也不来自你社会地位得到了更高的提升，甚至不来自你的身体变得更健康了。真正的幸福源于你在追求这些东西的同时，你还能随时随地感受到快乐，这才是一种幸福力。

用自己的成长给孩子当榜样

心理学家洪兰曾说:"母亲是家庭的灵魂。"这句话听起来包袱挺重,其实形容得很到位。因为母亲给予了我们生命,又引领着我们未来的人生走向。

所以一个女性的成长不仅仅关乎自己,更关乎她所繁衍的下一代。新时代的女性,既要像之前的母亲照顾孩子的衣食住行,但更多时候还要给孩子当榜样。

胡适曾在《我的母亲》中写道:我母亲的气量大,性子好,待人最仁慈,最温和,从来没有一句伤人情感的话。她是慈母兼任严父,她会私下让孩子罚跪,和孩子说理,但从来不在别人面前骂他一句,打他一下。如果我学得了一丝一毫的好脾气,如果我学得了一点点待人接物的和气,如果我能宽恕人,体谅人——我都得感谢我的慈母。

母亲像一面镜,有什么样的母亲,就会养育出什么样的孩子。母亲也是一个孩子的根基，母亲肩负着创造人、养育人的职责，并要求每个妈妈要成为身心健康、精神面貌良好的女性。这是作为一个母亲必备的特质，只有这样的女性才能称得上圆满完成生育并养育孩子的工作。

在《人生由我》一书中，有句话是这样讲的：对孩子最有用的教育，就是让他们看见你在努力成为更好的自己，除此之外，都不重要。女人的传承力首先体现在对孩子的引领和教育上。妈妈是原件，孩子是复印件，想要孩子成为谁，首先自己要成为谁。

妈妈的智慧决定孩子的人生高度，妈妈的教养就是孩子的教养，妈妈的情绪决定了孩子的性格，妈妈的眼界决定孩子的格局。妈妈的三观决定了孩子的发展，妈妈的为人处世影响着孩子的情商。都说"家里边有啥也别有一个糊涂蛋一样的妈。孩子缺了什么，也别让孩子缺少一位智慧的母亲。"一个智慧的女人，造福三代。

孟母三迁、陶母退鱼、欧母画荻、岳母刺字，古代四大贤母的故事耳熟能详，如今读来，那种舐犊情深和正气浩然的母爱仍令人感动不已。喜欢读历史的人可能会察觉，每一位成就非凡的伟人身后，几乎都有一位聪慧、有见地、三观正确的母亲。

妈妈对孩子的教育方式不仅是讲道理，更重要的是我们平时的言谈举止，处世态度，待人接物的方式方法。

第6章　持续精进，人生成长不设限

莫言在诺贝尔文学奖的领奖台上说，最感谢的人是母亲，因为母亲给了他最朴实无华的引领，这份引领成了他受用一生的智慧。

莫言的母亲是一位普通的农村妇女，当儿子因不小心打破家里仅有的暖水瓶而战战兢兢时，她没有打骂，那一声叹息足以让儿子懂得生活不易，珍惜眼前的一事一物。当儿子被周遭的人取笑样貌丑陋时，她告诉儿子：你善良，你做好事，你美着呢——用言行帮助儿子重拾自信。当儿子看不惯乞讨者不想要窝头而是饺子时，她把自己仅有的半碗饺子倒进乞讨者的碗里，教会儿子什么是悲悯。这样的母亲有眼界有格局，是孩子起跑时候的助力，也让孩子拥有自信、悲悯的心能够从容应对人生路上的挑战。

无论你是一个职场妈妈，还是一个全职妈妈，无论你是脾气急躁还是脾气和缓，妈妈都是一个家的CEO，都是孩子眼中的超级英雄。这个超级英雄不是来拯救世界的，她在日常生活中以一当十，扮演着诸多角色，要处理多种问题，还不忘每天学习新的知识和技能——为了给孩子在起跑线上助力，也为了给孩子成长过程中导航。

女性的自驱型成长

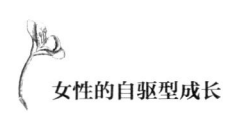

新女性要成为引领者和影响者

女性在这个世界上,已经变成了敢于"向前一步"、甚至成为影响别人的引领者。

各行各业都有那些成功的女性,用她们的事迹激励和改变着女性的地位和认知,也影响着其他女性去努力提升自己,变成各个领域里具备影响力的人。

比如,被称为"燃灯校长"的张桂梅,从17岁到67岁,她致力于教育扶贫,扎根边疆教育一线40余年,推动创建了中国第一所公办免费女子高中,2008年建校以来帮助1800多名女孩走出大山、走进大学。张桂梅身患多种疾病,但她拖着病体坚守三尺讲台,用爱心和智慧点亮万千乡村女孩的人生梦想。

从青春靓丽、笑靥如花,到苍老憔悴、满身伤病,张桂梅将最好的青春年华献给了山区的教育事业。从"大山的女儿"到孩子们口中的"张妈妈",她将全部心血倾注在孩子身上,更将自立自强的种子播撒在她们心中。在华坪女高，有这样一段震撼人心的誓词："我生来就是高山而非溪流，我欲于群峰之巅俯视平庸的沟壑。我生来就是人杰而非草芥，我站在伟人之肩藐视卑微的懦夫！"正是这样的誓言，激励着许多家境贫寒的山区女孩，不认命、不服输，走出山区，看见更广阔的世界。

这不正是一种女性强大的力量带动和影响了更多的女性意识觉醒吗？女性的阴柔能量，是一种非常强大的力量，这个力量和男性的力量是相均衡的，是那么纯净，那么强而有力。

我们相信，这个时代，多的是你未曾知晓的女性影响者，放弃相对安逸，选择风雨。打破之前的思维和认知，不断成长，努力超越。成为星火，共同推动这个世界变得更好。

这是一个推崇"她时代""她经济""她力量"的时代；这是一个新女性觉醒的时代，更是一个新女性绽放的时代。

每位女性都能风姿绰约、醇美芬芳，用女性特有的多彩与灵动，诠释和解答了如何把自己打造成"有追求""有颜值""有能力""有事业""有品牌"的全方位魅力女性。

第7章
终身学习,不断自我进化

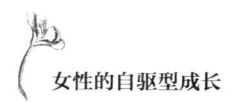

一身好武艺，何愁没前途

如今，社会对女人的要求是越来越高，女人要勤俭持家，女人要善待老人，女人要相夫教子，女人要工作挣钱。所以，做一个称职的女人，实属不易，要做一个优秀的女人，则需要多一些历练。

优秀的女人，都会危机感，她们担心自己会跟不上时代，担心自己的知识太陈旧，因此，她们会不断学习、充电。有的女性，总是感觉活得很累，她们回到家的第一件事就是淘米做饭，就是带孩子，就是打扫卫生，只能说他们是"好女人"，懂得持家，懂得照顾，其实，从长远的角度看，要关爱自己，累了一天回到家之后，最需要做的就是"充电"——一个不懂得学习的女人，很难与这个时代同频。特别是今天这个信息时代，女性要立身于世，一定要需要不断学习。

一个持续学习的女人，会给她的认知、生活、婚姻、事业不断带来新的变化。并且因为学习，她的能力不断增长，思想越来越丰富,日子也会越过越好,人生也会少走弯路。可谓"一身好武艺,何愁没前途"。

很多女孩子大学毕业后,便想着找份理想的工作,找个靠谱的老公,过安安稳稳的日子。其实,社会在不断进步,竞争在日益加剧,你现在优秀,不代表你将来优秀,你现在安稳,不代表你将来无忧。一旦你停止了学习,停止了进步,很快你就会发现,你仅有的竞争力也会逐渐丧失,未来,你靠什么立足职场与社会?

因此,从走出校门的那一刻起,女人就要明白:新的学习才刚刚开始。在职场中继续充电,是一种基本的职业素养,唯有如此,才能在职场中立足,才能有更好的发展机会。

王霄就读于一所普通的大学。毕业之后,她怀揣着梦想来到北京。她先后面试了十几家公司,最后在一家报社做了一位实习记者。她的专业是新闻学,刚好又在新闻媒体做记者,这对她来说非常幸运。起初,王霄踌躇满志,立志要干出一番成绩来,并成为行业的佼佼者。

然而,一个月的实习期未满,她竟发现自己先前的想法很天真。之前,她认为做记者就是到处采访,并再把采访过程整理成稿子。其实不然,要做好这份工作,必须要有这几样能力:首先要有敏锐的新闻嗅觉,能抓住新闻点;其次还要具有相当的文采,能在短时间内写一篇漂亮的文章;再次,要有很强的沟通与应变能力,以及精确的语言表述能力;另外,还要掌握了解一定的政策法规等，要有吃苦耐劳的精神……反观自己，在哪个方面都没有过人之处。

为了做好这份工作，她开始勤奋学习，有时翻书翻词典，有时向老记者请教。周末，不像别的女孩子逛街购物，她经常去参加培训，并且一学就是一整天。这样的生活持续了半年之久。这半年的时间，她取得了巨大的进步，稿子质量越来越高，而且有的还获了奖项。领导对她非常满意，开始给她安排一些重要的采访任务。

第三年，她就凭借出色的能力，被晋升为一个部门的负责人。

王霄不甘落后，勤奋好学，为的不是保住饭碗，而是做更好的自己。功夫不负有心人，她的努力终于有了回报，自己在进步的同时，也赢得了更好的发展机会。

在王霄身上，让人看到了新时代女性不断积极进取的精神面貌，在现实生活与工作中，有许多女性都在默默地努力，让自己变得更优秀，即便受过良好的教育，有着稳定、体面的工作。对于那些没有名校背景，面对巨大竞争压力的女性来说，又有什么理由不让自己努力呢？

在现实生活中，我们也欣喜地看到，作为女性力量的代表，如今，许多优秀女性已经站在了新时代的舞台，她们比以往的女性更努力，更懂得自己要什么——不断自我成长，自我进化，当自己的层级越高，机会越多，人生越精彩。

自我价值来自持续学习

一个女人老去，是从她拒绝学习、故步自封开始的。女性美不美，始于颜值，终于内涵、才华和气质。只有具备良好的文化素养、性格修养、品质涵养，女性之美才能经得起时间的雕琢，经得起岁月的打磨，经得起年华的锤炼。

特别是在如今的知识经济时代，竞争日趋激烈，胜败只是转瞬之间的事。只有不断学习、持续学习的人，才能不断自我成长、自我增值，才能不断接受新的挑新，把握住新的机遇，否则，很快就会被时代无情地淘汰。

许多女性都受过良好的教育，但是从她们走出校门那一刻，就停止了学习，认为学习是一种过去式。她们花几百，甚至上千块钱买一件衣服不嫌贵，但是，花十块钱买本书，却觉得不划算。

即便你目前的生活条件很优越，拥有自己的小幸福，但是作为女人，也一定要有新的追求，要活出更大的价值。在新的时代，一个女人的美不只在于外表，更在于心灵，在于自我价值。一个女人，学无三斗，没有文化底蕴，即便闭月羞花，也很难散发出旷日持久的魅力。正所谓"长得漂亮，不如活得漂亮"。一个女人，长得漂亮是优势，活得漂亮才是真本事。

女人的美貌，或许可以短暂吸引他人的目光，然而，真正让人欣赏，并且保持长久吸引力，只能靠由内而外散发的魅力。归根结底，这种魅力源于不断的自我提升，自我进化。

潘晓婷是一位台球选手，曾经被人们称为体坛最安静的美女。与一些网红美女不同，她的美不矫揉造作，是一种实力美，而且美得清新脱俗。在她的职业生涯中，获得过10余项世界第一。

她的父亲是一家拖拉机厂的职工，平时非常喜欢打台球，同事送他一个绰号"潘一杆子"。受父亲的影响，1985年，3岁的潘晓婷开始接触台球。那时父亲没有对她寄予多少希望，但她在台球方面却表现出了过人的天赋。

1997年，潘晓婷报考美院，没有被录取。于是她开始练习台球。起初，潘晓婷选择的是斯诺克，后来转向了九球。在几位名师的指点下，刚满16岁的潘晓婷很快就收获了人生的第一个冠军，从此，大大小小的比赛，只要她参赛，准能获得一个理想的名次。

2007年4月8日晚，潘晓婷在世锦赛决赛中击败菲律宾选手，成功登上世界冠军宝座，成了中国首位台球世界冠军。

在平时的训练中,她非常刻苦,每天要训练七八个小时。有时,她会反复看自己的比赛录像,分析自己做得不够的地方,努力进行修正。在台球房,有时为了某个球的走向,她会成百上千次地练习。

潘晓婷成功的真谛,就是持续不断地学习。她参加过无数场比赛,不论是赢是输,她都会从比赛中学习,从对手身上学习。正是因为不放弃学习,练就了非凡的球技,成为台球场上名副其实的女神。

做一个有魅力,并能实现自我价值的女性,就一定要不断地学习,向优秀的人学习,向身边的人学习,以此来培养自己良好生活方式和生活情趣,不断丰富精神世界,锤炼性情品格。只要每天进步一点点,就没有什么能遮住你的光芒,你的人生格局之门也会因为学习慢慢被打开。

在新时代,学习是女人永葆青春活力的关键,也是女人能够与时俱进的关键。试想,你现在拥有青春的肌肤,如花的容颜,这已经足够美了!如果再加上智慧的灵气,那会是怎样的一种存在?不论你有什么样的人生理想,追求什么样的生活,以学修养,建立良好的学习习惯,一定会让你增加你的竞争优势,提升你的价值。

每个人的生命都只有一次,每天给学习留点时间,和时代同舞,我们才能让有限的生命熠熠生辉,才能活出不一样的人生。

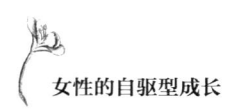

投资大脑,让自己不断增值

近几年,有一个词异常地火,它就是"AI",也就是"人工智能"。谈到"人工智能",很多人的第一印象就是:将来人类的很多工作,都会被机器人取代。于是顿生一种危机感,认为自己的工作没有多少技术含量,如果现在不提升专业技能,将来连份工作都找不到。

特别是近来,随着 ChatGPT 的火爆,又一次引起各个行各的焦虑——"在 AI 面前,你会不会变得一无是处"。

对女性来说,这种焦虑似乎更为严重。网上流传着这样一个段子:未婚女性找工作,不要,因为不一定什么时候就结婚生子,存在风险;已婚未育的,行情最差,是重点防范对象,坚决不要;已婚一孩的,以前是香饽饽,现在二胎放开,存在风险,待定;已婚二孩的,不存在生育问题。然而,都两个孩子了,还哪有心思与精力工作,能不要当然不要了。

虽然是段子,但也道出了许多女性的困惑。

当然,科技的进步,一方面了给女性带来了焦虑,同时也带来了机会。

刘丽大学毕业后,经过层层选拔,进入了一家科技企业,主要负责撰写各种文案。她的文字功底很硬,公司也对她寄予了很高的希望。

但是,刚入职后与竞聘时刘丽给人的感觉竟判若两人。有一次,主管将她写的文案打印出来,并对她说:"小丽,依你的才华,不应该写这样漏洞百出的文章啊。"见主管脸色不对,她冷冷地回了一句:"哎呀,我月薪才3000啊,老大,你还想让我怎么样?"

主管说:"这就是你态度有问题了。"

刘丽说:"就像你买了件便宜货,两天就出问题了,你能怪谁?怪就怪你只花那么点钱。如果你给我开8000元的工资,我肯定会做得非常好。"

主管摇了摇头,表示无语。后来他说:"问题是,老板付薪水也是一分钱一分货,你必须在拿3000元工资时,先体现出8000元的价值,老板才愿意买单。"

事后,冷静下来的刘丽也意识到了自己的问题。在之后的工作中,她一改先前的态度,每次会写两个版本,一个是按上司的要求写,一个是自己建议的方案。同时,她会琢磨写文案的诀窍。

她的能力逐渐得到公司的认可。一年下来，月薪就从3000元涨到6000元。后来，公司来了几位新人，刘丽负责对他们进行培训。为了讲好课，她平时很注意看一些相关视频，并注意学习新的写作知识。

在现实工作中，很多人对待工作，就像之前的刘丽一样——在意的是要不要加班，给多少钱干多少活，而不是自我进化，不断提升自己在工作中的价值。

在新时代，女性更要懂得投资自己的大脑，积极修炼自己的专业技能，让自己变得不可替代，这样，才能体现出你在职场、人生中的价值。

如果你的工作只需要一些简单的职业技能，而且多数情况下是在"重复"，那从现在起，一定要学会精进，不断拓展、加深自己的知识体系和技能。否则，你一直活在自己的世界里，你所认为的岁月静好，可能是暴风雨来临前最后的平静，你所迷恋的"舒适区"，很可能正在慢慢地"吞噬"你。

通过学习打开向上的通道

大凡上了点年纪的女性，都不希望别人知道自己的真实年龄，更害怕别人说自己"老"，你可以说我不温柔，没有出众的相貌，但是不可以张口闭口叫"阿姨""大妈"，再礼貌也不行。就连红楼梦中最出尘脱俗的妙玉也会发出这样的感慨：可叹这青灯古殿人将老，辜负了红粉朱楼春色阑。

但是，生老病死是一种自然规律，谁又能逆生长呢？只要是生命，就不可避免会衰老。面对衰老，我们无法改变容颜，但我们可以改变生活方式，改变心态。

曾经，有一家知名公司招募广场大妈，开出40万的高薪！应聘要求中，有一项要求是"需要保持对潮流的敏锐度"。别说大妈了，就是刚刚走出校门的年轻人，如果不能随时保持学习，也无法胜任这份工作。但是，那些被录用的60岁大妈，无疑都是持续学习的楷模。在她们身上,你完全感受不到沉沉暮年,她们活力四射。这就是持续进步带来持续竞争力。

相较于男人,女人对年龄会更加敏感。在她们年轻漂亮,岁月静好的时候,不管是嫁人还是找工作,都有相当的竞争力。可当年岁渐长时,如果依旧没有一技之长,会是一件很残酷的事情。

所以,要保持自身的竞争力,要不断向上生长,必须要不断学习,不断积累你的知识、智慧和能力,这也是让自己越活越年轻的不二秘诀。

有一位65岁的老人,年轻的时候,她研究中医药,后来办企业开发产品,积累了一笔不小的财富。她将这些钱全部作来做公益事业,投资兴建了一所又一所老人公寓。

她二十多岁时,做过小学教师,那时她年轻漂亮、温柔单纯。不幸的是,在一次身体检查中,她被诊断为患有某种难以治愈的疾病,医生肯定地说,她至多还能活十年。

十年,一个人可以用来做什么呢?

她为自己制订了一个十年计划,利用业余时间和寒暑假一边学习中医,一边上山采药。在第十个年头,她身边没有出现异常,她欣喜地发现,她还可以迎接第二个十年。

第二个十年,还可以来做什么?

第7章 终身学习，不断自我进化

她想来想去，决定把自己之前积累的知识编成一本书，与众多病友共享，勉励她们与病魔斗争。于是，她在教书之余，再参考其他人的著作，结合自己的亲身经历，出版了一本非常有价值的作品。当这个十年过去时，她反而觉得自己的身体更好了。

在第三个十年，她赶上了改革开放。于是，她想到了办一家企业，轰轰烈烈地做一番事业。工夫不负有心人，她开发的一些产品获得了专利，并给许多人带来的福音。

对她来说，每一个十年，都是一个新的开始，她都会有新的计划。在第四个十年，她年岁大了，于是想到投资老人公寓。并且，建设了好几所不同档次的老人公寓。

在谈到自己的成功时，她说："每一个新开始的十年，都让我找到了重返青春的感觉。"

从这位老人的身上，我们看到了时代的时步，也看到了女性的进步史。一个女人，18岁有容颜，28岁有自信，38岁的有风韵，48岁的有阅历，无管你在哪个阶段，都要精彩地活，都要进步，都要走在时间的前面。只有这样，才能抗拒衰老，才能抵消年龄的增加。

我们著名经济学家杨敬年在谈到他的长寿的秘诀时说："人要有所追求，只要有追求，你就不会老。"在激励晚辈时，他甚至说："人生九十始。"这位勤奋好学的老人，在90多岁时硬是学会了使用电脑，并且经常和国内外的学生们在网上交流，这着

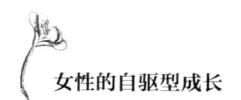

实让很多人感到惊讶。在生活中，有些人五六十岁，就已经懒得学习了，手机只用老人机，遇到新问题喜欢找年轻人，不想动脑筋"研究"，有时间就打麻将、跳广场舞，要不就是游山玩水。

在生活中，那些活得风光，过得潇洒的女人，在生命的每一个阶段都活得很精彩，她们会随着岁月的增长，不断提升自我价值，不断向上生长。

爱上阅读,做一个书香女子

要成为新时代的魅力女性,就必须要不断自我进化,全方位提升自己的素质。那什么是魅力女性?有人做过问卷调查,结果显示,多数人认为"有味道"的女人才是算魅力女性,而这里"味道"是指"书香气",也就是说,喜欢读书、习惯读书、大量读书的女人更显女人味,更能散发女性的气质与修养。

有关女性的阅读之美,其实早有描述,比如:"在美术中,除了风景,最美的就是我们人类中的女性之美。关于女性的美,有三种表现形式,一个是哺乳着的少妇,一个是恋爱中的少女,还有读书的女性。西方美术史上有若干部著名的世界名画,都是各阶层的女性在读书,你会发现当女人和书在一起的时候,就是美上加美。"

多一份知识,就多一种能力,多一份学问,就多一层底气。一个女人在阅读过大量好书之后,会变得更知性、优雅,这是因

女性的自驱型成长

为"腹有诗书气自华",书会给她一种底蕴,熏陶她的情感,让她变得温文尔雅。当然,书也会开启她的心智,开阔她的眼界。所以说,有丰富内涵,与阅读相伴的女性才是最美丽的。

古人说:"人之异于鸟兽者,为'读书明理'。"著名投资人查理·芒格曾说过一句话:"我这辈子遇到的来自各行各业的聪明人,没有一个不每天阅读的——没有,一个都没有。"不论过去,还是现在,读书都是自我觉醒,智慧增值最好的方式,它对人的滋养作用是无可替代的。

作家三毛曾说过一段话:"书读多了,容颜自然改变,很多时候,自己可能以为许多看过的书籍都成为过眼烟云,不复记忆,其实它们仍是潜在的气质里、在谈吐上、在胸襟的无涯,当然也可能显露在生活和文字中。"特别是在今天,要丰富自己的精神世界,提升自己的内在美,更离不开大量阅读。

周老师是一位大学教授,55岁的她每天都要给学生上课。虽然,她的头顶有些许的白发,脸上、眼角都留下了岁月的痕迹。但是,这丝毫不影响她在学生心中的女神地位。

在学生的眼中,她是一位邻家大姐姐,举止优雅,知识渊博。平时,她特别注意健身,在学生面前她总是显得非常有活力、有气质。

周老师虽然博学多才,但是多年来始终保持着一个良好的习惯,即阅读。她说:"当教师不能只按照课本教授学生知识,而

第7章 终身学习，不断自我进化

要勤学，这是一个信息爆炸的时代，多了解与一些与学科相关的最新动态，世界上最前沿的东西，对自己，对自己的教学都大有裨益。"

正是因为她知识面非常广，所以，她讲的知识点不但有深度，还有一定的广度，遇到学生难以理解的问题，她能浅显易懂地把它讲出来。所以，她的课深受学生的欢迎。有几次，学校考虑到她的年纪，希望少给她安排一些课，但是她拒绝了。她说自己非常喜欢和学生分享自己知识、心得，也喜欢向年轻人学习。

对周老师来说，阅读本身是工作，也是生活。在现实生活中，这个年纪的女人是人们眼中无可争议的"大妈"，但是周老师在学生心中，却是不折不扣的女神、书香女子，她知性、有气质，而且始终充满活力。由此可见，女性真正的美不只在于容貌，更在于她的知识、修养与精神。

作为女性，要让自己散发持久的魅力，一定要爱上阅读。只要你在阅读，就无需装扮。当然，对于女性该不该多读书，总会出现一些不同的观点，有人认为，女人读一点书就行了，在各方面很难竞争过男人，特别在是大好的年华，如果花大把的时间读书，可是对生命的一种浪费。

在新时代，我们固然要摒弃大男子主义，但也不能低估女性的价值。作为女性，要活出自己的精彩，就要不断学习、进步。

女性的自驱型成长

如果年纪轻轻就放弃成长,又怎么能有机会领略世界的精彩,怎么能活出自己想要的样子?

许多时候,打败女人的不是岁月,而是那颗放弃了成长的心。如果我们不阅读,或是不尝试了解学习某一领域的知识,那我们永远也打不破自己的认知边界,永远只会活在自己的小天地里。正如一句话所说:读书可以让我们经历 100 种人生,但不读书则只能活一次。